BIBLIOTHÈQUE

DE LA SCIENCE PITTORESQUE

—

LES

HABITATIONS MERVEILLEUSES

ABBEVILLE. — IMP. BRIEZ, C. PAILLART ET RETAUX.

LES

HABITATIONS

MERVEILLEUSES

IMITÉ DE L'ANGLAIS

PAR

L. ROUSSEAU

———

OUVRAGE ILLUSTRÉ DE 148 GRAVURES

PARIS

LIBRAIRIE D'ÉDUCATION

GÉRANT : AMABLE RIGAUD, ÉDITEUR

33, QUAI DES AUGUSTINS, 33

LES

HABITATIONS MERVEILLEUSES

I

LES MAMMIFÈRES ET LEURS TERRIERS

L'homme. — La taupe et sa demeure. Difficulté de l'observer. Construction compliquée de la forteresse. Naturel de la taupe. — La taupe musaraigne. — La taupe éléphant et le rat musqué. — Le renard arctique et son terrier. — Le renard commun. Économie de travail. — La belette. — Le blaireau. — Le chien des prairies. Le village. Visiteurs importuns. — Le lapin et la garenne. Dévouement. — L'écureuil piauleur. — Le siffleur. — Le rat à abajoues du Canada. — L'ours des mers polaires. Tanière remarquable. La neige comme abri. — Le phichiciago. — Les tatous. — L'échidné.

Parmi les animaux supérieurs, il s'en trouve un grand nombre qui, parvenus à une certaine période de leur existence, ont besoin d'une habitation, soit comme abri contre le mauvais temps, soit comme lieu de refuge contre les attaques de leurs ennemis. Un terrier creusé sous la terre, dans le bois, dans le roc ou toute autre matière, constitue la forme la plus simple d'une semblable demeure. Les races les moins développées de l'espèce humaine, telles que les Bojesmans du Cap et les Indiens « creuseurs » de l'Amérique, emploient cet expédient.

1

Souvent une caverne suffit aux besoins de ces êtres ignorant toute industrie et dont les efforts se bornent à la satisfaction d'appétits grossiers ; mais à cette demeure ne se rattache aucun souvenir domes‑ tique; ni les joies ni les douleurs de la famille n la sanctifient, et l'être abject, qui s'y livre au som‑ meil ou s'y abrite dans la mauvaise saison, ne con‑ naît aucun de ces sentiments qui, dès l'antiquité, ont fait du foyer un sanctuaire inviolable. Notre but n'étant pas de nous occuper des demeures de l'homme, nous passons aux habitations construites sans mains, avec les pattes, les griffes ou le bec. C'est l'instinct et non la raison qui en fournit le plan ; l'architecte s'y montre à la hauteur de sa tâche, mais il ne saura jamais apporter la moindre amélioration à son travail.

La première place, parmi les mammifères, revient de droit à la taupe. Cette remarquable bête creuse non-seulement des galeries sous le sol, mais elle se crée un refuge compliqué de chambres, de conduits dont l'agencement est merveilleusement complet. Elle y établit un système de communications aussi perfectionné qu'un réseau de chemins de fer ou que la canalisation souterraine d'une grande ville. Elle possède de nombreux talents : assez rapide à la course, d'un courage de boule-dogue, elle ne man- que jamais sa proie; elle nage sans crainte et, s'il le faut, creuse un puits pour apaiser sa soif. Le peu que nous connaissons de ses habitudes fait penser qu'une étude plus approfondie nous réserve d'inté- ressants détails.

J'ai souvent observé la taupe, du moins autant que me l'ont permis des circonstances défavorables ; car il s'agit d'un animal dont la vraie nature ne se développe que sous terre ; par conséquent, en dehors de notre vue. Il est difficile de prendre une taupe sans lui faire de mal, et, en cas de réussite sa conservation exige beaucoup de patience et de persévérance. Il faut être levé avec le jour pour lui procurer une nourriture convenable. La taupe est, malgré un air lourd et sombre, un animal des plus actifs et des plus féroces. Elle possède à un si haut degré ces deux particularités, que je doute que les bêtes les plus sauvages des tropiques puissent l'égaler sous ce rapport. Ne la plaignons pas, si sa vie nous paraît triste et monotone. Il ne faut pas juger les autres d'après nous-mêmes. La taupe se trouve heureuse sous terre ; là seulement, elle peut développer ses diverses capacités : remarquons l'ardeur avec laquelle elle saisit sa proie ; comme elle jouit en dévorant un malheureux ver ! Elle y trouve évidemment un bonheur complet.

Nous ignorons comment, en travaillant dans l'obscurité, elle parvient à faire des galeries en ligne parfaitement droite ; celles-ci ne sont pas construites au hasard, mais d'après un plan bien défini. Les taupinières si communes de nos champs n'offrent rien de remarquable ; ce sont des puits par lesquels le mineur quadrupède rejette la terre, lorsqu'il fait passer des tunnels sous le sol. En les ouvrant avec précaution, quand la pluie a consolidé la terre meuble, on y découvre un trou conduisant à une galerie. Ouvrons une des plus importantes de celles-ci, comme nous l'apprendra un bon chasseur de taupes, et suivons-la jusqu'à ce que nous ayons atteint la véritable demeure de la bête. Le monticule qui la recouvre est assez grand ; un arbre ou un buisson la cache ordinairement et il faut un œil bien exercé pour le découvrir.

Le terrier de la taupe

L'appartement central ou la forteresse, s'il est permis de parler ainsi, consiste en une chambre à peu près sphérique, dont le plafond atteint presque le niveau du sol ; par conséquent elle se trouve à une assez grande profondeur du sommet du monticule. Deux passages circulaires entourent la forteresse ; l'un est tracé au niveau de la voûte, l'autre un peu áu dessus ; ce dernier est toujours d'une dimension beaucoup moindre. Cinq boyaux en pente les réunissent, mais l'entrée dans la forteresse ne peut se faire qu'en partant du passage supérieur au moyen de trois boyaux. Il est donc évident que lorsque la taupe rentre chez elle par un de ses nombreux tunnels, elle doit d'abord atteindre le passage inférieur, puis remonter dans l'autre pour redescendre dans le réduit central. Cependant il existe un autre chemin : une galerie plongeant du centre de la forteresse remonte en ligne courbe vers un des tunnels ou grandes routes, comme on les appelle. Celles-ci, au nombre de sept ou huit, rayonnent dans différentes directions, mais ne débouchent jamais vis-à-vis d'une des ouvertures du passage supérieur. Pour se rendre à ce dernier, la taupe doit nécessairement, dès son entrée dans son domicile, tourner à droite ou à gauche.

Les continuelles allées et venues de la bête donnent du poli aux parois du terrier et les durcissent tellement qu'il n'y a jamais d'éboulement, même dans les plus mauvais temps. La complication de ce réseau de voies a sans doute pour objet d'offrir, en cas de danger, de nombreuses facilités pour la fuite. Nous ignorons si la pièce centrale sert uniquement de lieu de repos ou si la taupe couche aussi sur ses grandes routes. Les chasseurs de taupes prétendent que ces plantigrades travaillent et se reposent à des intervalles réguliers de trois heures. L'habitation que nous venons de décrire est parfaitement appropriée à un solitaire, mais ne saurait convenir à une famille. Pour la compléter, la taupe choisit un endroit où deux galeries se croisent et y construit une chambre pour la mère et les petits. Cette disposition offre à ceux-ci plusieurs moyens de s'échapper en cas de danger. Ce lieu est tapissé d'herbes sèches et quelquefois de jeune blé, ordinairement il se trouve assez loin de la forteresse centrale.

Vers le milieu de juin ou vers les premiers jours de juillet commence pour les taupes la saison des amours; dans cette phase de leur existence, elles déploient une furie semblable à celle qui les caractérise en tout. Deux mâles ne peuvent, à cette époque, se rencontrer sans s'attaquer immédiatement. Ils se griffent, se mordent, se déchirent avec une rage tellement aveugle, que, lorsque le combat se livre en plein air, il est aisé de s'emparer d'eux. On prétend qu'avant d'avaler un ver, la taupe le dépouille de sa peau. Il serait difficile de comprendre comment elle peut accomplir cette opération, toutes celles que j'ai observées se contentaient d'avaler leur victime sans aucune préparation préliminaire. Rien ne donne une idée de la furie avec laquelle mange la taupe : elle s'arc-boute d'une singulière façon, rentre la tête entre les épaules, et se sert des pattes de devant pour fourrer le ver dans sa bouche. Je ne m'explique pas comment elle peut prendre cette position; toutefois je l'ai souvent étudiée ainsi. En la voyant manger je comprends facilement la fureur qui doit l'animer dans les combats et je veux bien croire l'assertion selon laquelle on l'aurait vue se jeter sur un petit oiseau, l'éventrer et l'avaler tout palpitant. Il ne fallait rien moins que cet excès d'ardeur pour aider la bête à se frayer un chemin sous la terre. D'après cela, on concevra ce que doit être un combat entre deux mâles d'égale force ; deux lions n'offriraient pas un spectacle moins terrible, car la taupe est relativement plus puissante et possède des instruments de défense plus terribles.

Grossissez la taupe de façon à lui donner le volume du lion et vous aurez l'animal le plus féroce que la terre ait porté. Quoique incapable, à cause de ses yeux si défectueux, de poursuivre sa proie à la vue, elle s'élancerait sur elle par bonds prodigieux, la terrasserait et la déchirerait en morceaux. Un pareil monstre avalerait des serpents de vingt pieds de long ; encore en faudrait-il vingt ou trente par jour pour satisfaire sa voracité. D'un coup de griffe il abattrait un bœuf, et la rencontre avec un de ses semblables deviendrait le signal d'une lutte horrible. La taupe ne connaît pas la crainte et dans ses combats paraît ne pas ressentir les blessures qu'elle reçoit, tant une rage aveugle l'anime.

Le lecteur appréciera maintenant l'énergie extraordinaire de la taupe, ainsi que les merveilleux instincts dont elle est douée. Il admirera la force musculaire concentrée dans de si étroites limites, car un de ces monticules, que la taupe élève si rapidement, équivaut, toute proportion gardée, à un amas de terre ayant quatre mètres de hauteur et environ sept mètres de circonférence qu'un homme aurait fait avec la bêche.

On s'étonne de voir les mammifères sortir de dessous terre sans la moindre souillure à leur robe. Cette particularité est due, chez la taupe, à la nature de son poil et de sa peau. Le premier, si remarquable par son aspect velouté, ne prend aucune direction déterminée, fait que le microscope nous explique. Le poil est, à sa sortie de la peau, d'une finesse extrême et grossit par degrés ; après avoir atteint un certain volume, il diminue de nouveau. Cette alternative de ténuité et de grosseur se répétant plusieurs fois lui donne le tissu velouté que tout le monde connaît. Une seconde cause de la propreté de la fourrure se trouve dans un muscle très-fort, bien que membraneux, placé sous la peau. Pendant le travail de l'excavation, de la terre tombe sur le poil et y adhère, mais la taupe la rejette de temps en temps au moyen d'une forte secousse. Je dirai ici que cette bête émet une odeur peu agréable que j'ai vue persister dans des peaux préparées depuis dix ans.

La taupe se trouve admirablement adaptée aux conditions de son existence ; de tous les animaux terriers, c'est elle qui déploie le plus d'activité musculaire et d'ardeur au travail. Elle en est le type ! Elle passe à travers le sol presque aussi facilement que le poisson fend l'eau, et sa vie, en apparence si triste, ne manque pas d'un intérêt poétique qui fait défaut à beaucoup d'animaux doués d'un extérieur plus brillant.

Que le lecteur se procure un squelette de taupe et il comprendra mieux l'organisation qui produit d'aussi énergiques efforts. D'énormes omoplates se projetant bien au dessus de l'épine dorsale, des jambes de devant à os courts et forts, de larges attaches, des griffes solides et courbées donnent l'idée du modèle en miniature de quelque machine destinée à fendre un sol rebelle. Toute la force se concentre dans le train de devant; celui de derrière est relativement faible; de formidables muscles forment le cou. Le nez est pourvu d'un os accessoire se prolongeant jusqu'au museau et qui lui donne cette mobilité si remarquable chez la taupe. Le museau est, immédiatement après la mort, flexible et se redresse avec l'élasticité de la gomme, mais il perd cette qualité en quelques heures et se dessèche. Afin de donner plus de puissance et de développement aux pattes de devant, celles-ci ont aussi un os accessoire, ressemblant à une faux et qui sort du corps. Cette particularité ne s'observe de nos jours que chez la taupe, mais elle se rencontre chez plusieurs espèces d'animaux fossiles.

J'ai longuement parlé de la taupe à cause de l'intérêt qu'elle offre. Si elle était un animal rare de la zone tropicale, les savants auraient depuis longtemps étudié son squelette. On se serait empressé d'admirer sa fourrure veloutée, ses yeux couverts et enfoncés pour que la terre n'y touche pas, la flexibilité du museau, l'étrange mélange de force et de mollesse des pattes de devant. Mais parce que cet animal habite notre pays et se trouve un peu dans chaque champ, on s'en détourne avec indifférence sans se soucier d'étudier ses habitudes. Pour ma part, je suis heureux que d'aussi merveilleuses créatures soient *inconnues* et nous fournissent l'occasion d'admirer la sagesse de Celui qui a créé l'humble taupe avec autant de soin que l'homme orgueilleux.

Beaucoup d'animaux terriers sont alliés à la taupe. Je n'en citerai que quelques-uns. Les musaraignes, par exemple, appartiennent à cette classe. Bien qu'elles aient les yeux ronds et pleins, les pieds de devant de la forme ordinaire, il y a quelque chose dans la tête, dans l'élasticité de leur long museau mobile qui rappelle la taupe. Ces jolies petites bêtes ne quittent leur terrier que pendant la nuit. Leur nid, fait d'herbes sèches, se trouve tout au fond.

La musaraigne-taupe de l'Amérique du Nord le cède à peine à la taupe dans son talent à fouiller le sol. Elle aussi soulève la terre à intervalles et se nourrit principalement de vers. Il y a encore la musaraigne-éléphant de l'Afrique méridionale, à fourrure épaisse, à long museau et à courtes oreilles. Elle creuse d'abord une galerie perpendiculaire, puis une seconde à angle droit au bout de laquelle se trouve le réduit. Elle est moins que les autres espèces adonnée à une existence souterraine et aime à se chauffer au soleil.

Le rat musqué appartient aussi à la famille des musaraignes. Il fréquente surtout les bords du Volga, et, semblable au castor, se tient plus souvent dans l'eau que sur la terre ferme. Les galeries qu'il construit s'étendent quelquefois à une distance de sept mètres. Il n'y a jamais qu'une seule entrée qui se trouve toujours sous l'eau. Le terrier monte par degrés, de façon que l'extrémité où repose l'animal est bien au des sus du niveau de l'eau. Le rat musqué est très-re cherché pour le musc qu'il fournit, bien que celui-ci soit inférieur au musc du chevrotin porte-musc.

Le renard appartient aussi aux mammifères. Nous avons vu la taupe pourvue de membres spéciale-ment faits pour fouir, mais qui n'excluent pas une certaine vitesse de locomotion ; ceux du renard, au contraire, sont appropriés à une course rapide, tout en restant propres à faire d'assez grandes excava-tions.

Le renard arctique, pour échapper aux rigueurs du froid, creuse son terrier à une grande pro fondeur. Vingt à trente de ces animaux s'établis sent à proximité les uns des autres. Si l'on pouvait mettre à découvert une telle colonie, on serait témoin d'un singulier spectacle : le sol semble-rait percé d'une infinité de galeries, chaque ter rier en possède trois ou quatre qui conduisent à un réduit assez grand, sans qu'aucune d'elles commu-nique avec le terrier d'un autre renard. Une seconde cavité de moindre dimension, et reliée à la pre-mière par un conduit, sert de refuge aux petits que la mère y met bas, au nombre de cinq ou six. Cha-que terrier renferme d'abondantes provisions. Le renard possède une grande intelligence, quoique les premiers voyageurs arctiques aient dit le contraire, et cela parce qu'ils l'attrapaient sans aucune difficulté : il suffisait d'un piége grossier pour en prendre jusqu'à quinze dans l'espace de quelques heures. Des explorateurs subséquents ont émis une tout autre opinion ; cela s'explique aisément. Avant l'arrivée des Européens, le renard était rarement attaqué et devenait facilement la victime des premiers chasseurs. Depuis, comme tout animal poursuivi, il a appris la ruse et se méfie de tout engin suspect. Il n'est même pas rare maintenant de le voir s'emparer de l'appât sans se laisser prendre, tant une poursuite acharnée l'a rendu fin et prudent. On le recherche à cause de sa fourrure, qui, surtout lorsqu'elle a été blanchie jusqu'à la racine des poils par le froid effrayant de ces régions, atteint un prix exorbitant. La chair du renardeau est bonne à manger ; celle du renard est dure, coriace et a une odeur extrêmement désagréable ; l'eau dans laquelle elle a bouilli fait venir par son âcreté des boutons dans la bouche.

Le renard commun de nos pays se construit une demeure beaucoup moins compliquée et même, pour s'épargner toute peine, il s'empare du terrier d'un blaireau ou d'un clapier de lapin. Dans ce dernier cas, il suffit de quelques efforts pour approprier le logis à sa taille et à ses besoins. S'il n'a pas la chance de rencontrer une demeure toute faite, il se met résolument à l'œuvre et se creuse un terrier. Il y dort la journée entière et n'en sort que la nuit, pour chercher sa nourriture. Les mères y mettent bas leurs petits et quelquefois, par une belle soirée

d'été, toute la famille se prélasse à l'entrée du refuge sans oser beaucoup s'éloigner. Les renardeaux
sont de jolies petites créatures, aimant à jouer autant que les enfants ; dans ces occasions la renarde
se prête complaisamment et en bonne mère à tous
leurs ébats. Un vieux renard, qu'on a déjà chassé,
connaît dans un rayon de quatre ou cinq lieues, toutes
les cavités qui peuvent lui offrir une retraite sûre.

Les loutres, selon moi, ne fouissent pas : certaines
excavations sur le bord des rivières leur servent, il
•est vrai, de refuge en cas de poursuite et pour y
mettre bas leurs petits ; mais, ce sont là des terriers
naturels. La belette ne creuse pas non plus ; elle
habite des fentes de rochers, sous les racines
noueuses des vieux arbres et surtout dans des tas de
pierres. Un seul membre de cette famille est un
puissant fouisseur, c'est le blaireau. Il se construit un terrier sombre et tortueux, généralement
dans un fourré ou au fond d'une forêt. Il y a
plusieurs chambres, dont l'une, tapissée d'herbes et
de mousses, reçoit les petits à leur naissance. La
conformation des membres du blaireau, l'aide
non-seulement à se bâtir un domicile inviolable,
mais aussi elle lui permet de se procurer une nourriture dont il est très-friand. Il est, pour ainsi dire,
omnivore; toutefois il manifeste un goût très-pro-
noncé pour les insectes à l'état de larves, et pour le
satisfaire il cherche sous terre les nids de guêpes
et d'autres hyménoptères.

La classification exacte des animaux, d'après leurs
demeures, offre de grandes difficultés, car beau-

coup d'entre eux possèdent des caractères qui pourraient les faire ranger dans plusieurs catégories. Les lapins, par exemple, peuvent être considérés comme des mammifères ou comme des animaux vivant en société ; il en est de même de la guêpe, du bourdon et de beaucoup d'autres insectes.

Le chien des prairies présente les mêmes caractères que le lapin. Étudions le comme animal fouisseur. On l'appelle quelquefois Wish-tom-Wish en Amérique, mais il est plus connu sous sa première dénomination, bien qu'il n'appartienne pas aux carnivores, mais aux rongeurs. Ce nom lui vient d'un petit cri qu'il aime à pousser et qui ressemble au glapissement d'un jeune chien. C'est un assez joli animal, mesurant environ quarante centimètres et de forme arrondie. La tête, très-aplatie, lui donne un air singulier ; sa fourrure est d'un gris rougeâtre, son aspect général est d'ailleurs assez semblable à celui de son congénère, la marmotte des Alpes. Il paraît s'apprivoiser facilement, à en juger par les deux spécimens que possède le jardin zoologique de Londres ; tous les deux, surtout le mâle, montrent beaucoup d'attachement à celui qui a soin d'eux. En dépit d'ennemis formidables qui viennent se loger au fond même de sa retraite, le chien des prairies se propage d'une façon incroyable ; sa fécondité semble sans bornes, et lorsqu'il est établi dans une région favorable, on voit les monticules de terre, placés à l'entrée de chaque terrier, s'étendre à perte de vue.

Le chien des prairies et son terrier.

Les terriers sont d'une dimension considérable et pénètrent à une grande profondeur. Ils prennent d'abord une direction oblique à un angle de 45 de grés ; puis, à une distance de deux mètres, ils s'infléchissent brusquement, en remontant vers le sol. Une cité ou un village de chiens, comme on les appelle, présente un spectacle très-intéressant, si le voyageur s'approche avec précaution, car ces petits animaux s'effarouchent facilement. Toutefois leur curiosité est très-grande et ils la paient souvent de leur vie. Perché sur un des monticules dont nous avons déjà parlé, le chien des prairies embrasse une grande partie de l'horizon, et dès qu'il aperçoit un intrus, il disparaît dans son terrier en jetant un glapissement aigu. Tous ses concitoyens répètent le cri d'alarme et s'élancent dans leur refuge. Bientôt la curiosité l'emporte sur la prudence : de petites têtes se montrent et lancent des regards furtifs vers la cause de ce tumulte. Un tireur habile peut alors les tirer en visant la tête, car la vie est chez eux très-tenace et ce n'est qu'en fracassant, pour ainsi dire, cette partie de leur corps qu'on est certain de ne pas les voir s'échapper sous terre.

Le chien des prairies ne jouit pas tout seul de sa demeure ; le hibou fouisseur, appelé aussi hibou coquimbo et le terrible serpent à sonnettes s'emparent forcément de son domicile et en dévorent les habitants. Ce fait est certain quant au serpent à sonnettes, dans l'estomac duquel on a trouvé des preuves irréfragables. Peut-être le hibou ne s'attaque-t-il qu'aux petits.

Le lapin est un des mammifères les mieux connus de nos pays. La famille de ce rongeur se compose de nombreuses variétés, qui pourraient passer pour de nouvelles espèces si elles ne montraient pas une tendance à retourner vers l'origine commune, c'est-à-dire au poil court et brun, aux oreilles droites du lapin sauvage. Ces animaux vivent dans des terriers et en société ; on a donné le nom de garenne à une agglomération considérable de ces demeures. Partout où ils rencontrent un gîte tranquille, un sol sablonneux et la nourriture à proximité, les lapins s'établissent. Ils y creusent de nombreuses galeries et se reproduisent avec une fertilité incroyable. Il en résulterait une véritable plaie, si leur chair et leur peau ne les faisaient pas rechercher et si les fouines, les belettes et les éperviers ne donnaient la chasse aux lapereaux. Il est très-difficile de les faire disparaître d'un terrain où ils ont élu domicile, même en se servant de fusils, de furets et de filets. Si deux ou trois de ces animaux, de sexe différent, parviennent à s'échapper, l'armée de lapins se trouve bien vite reconstituée, car le lapin peut déjà, à l'âge d'un an, se voir entouré de ses petits-fils.

La femelle ne met jamais bas dans aucun des terriers que toute la colonie fréquente. Elle se prépare un conduit isolé au bout duquel elle fait un nid. Celui-ci, composé surtout de duvet qu'elle s'arrache de la poitrine, fournit aux petits une couche des plus moëlleuses. Quelques auteurs ont voulu voir dans ce fait un sacrifice maternel : grande er-

·reur à mon avis ; en se dépouillant de sa fourrure, l'animal obéit à son instinct et n'accomplit nullement un acte de dévouement.

L'Amérique du Nord possède un grand nombre d'animaux terriers de cet ordre. A défaut d'espace, nous n'en citerons que quelques-uns. Parmi ceux-là, on distingue surtout le hackée ou écureuil piauleur, ainsi nommé à cause de son cri. C'est une jolie petite bête d'un gris brunâtre, ayant

L'écureuil piauleur et son terrier

sur le dos cinq raies noires et deux d'un jaune pâle. Le ventre et le dessous du cou sont d'un blanc de neige. Son terrier est assez compliqué : la principale galerie descend presque perpendiculairement l'espace d'à peu près un mètre, puis s'infléchit à plusieurs reprises dans une direction légèrement ascendante. Deux ou trois galeries supplémentaires, partant du terrier principal, permettent à l'écureuil piauleur d'échapper à ses ennemis. La fouine seule ne se laisse pas tromper par cette complication de

tunnels ; elle glisse son corps ténu à travers les pas
sages les plus contournés et tue tout ce qu'elle ren
contre.

Cette espèce entasse dans des galeries latérales des
provisions en très-grande quantité : on a trouvé dans
un seul terrier du blé, du sarrazin, du maïs, des
semences de graminées, des glands et des noisettes.

Le siffleur est très-connu en Amérique. Son
terrier mesure de huit à dix mètres à partir de
l'entrée qui se trouve toujours abritée par une
saillie de rocher ou pratiquée au flanc d'une colline.
Le souterrain descend obliquement pendant quelques pieds pour remonter ensuite vers la surface ;
à l'extrémité se trouve un grand réduit circulaire
où naissent les petits. Ces derniers se séparent à
l'âge de cinq mois et chacun se creuse une demeure
indépendante. Le nom de ces animaux leur vient
d'un petit sifflement qu'ils poussent sans cesse. Les
jeunes garçons de l'Amérique du Nord aiment beaucoup à aller à la chasse des siffleurs et à les
déterrer.

Le rat à abajoues du Canada, quelquefois appelé
gopher ou mulot, creuse de très-grands terriers.
Lorsqu'il s'est établi dans un jardin, il cause de
grands dommages à toute espèce de plantes et
fait même mourir des arbres fruitiers, car il ronge
les racines qui traversent son terrier. Du réduit
où naissent les petits, rayonnent dans différentes
directions plusieurs galeries latérales. L'animal
semble avoir multiplié les moyens de fuite. Ce
rat a plus de trente centimètres de long et se fait

remarquer par le grand développement des incisives qui se projettent au-delà des lèvres ; il est
aussi caractérisé par les dimensions considérables
des abajoues. Celles-ci mesurent environ dix centimètres et s'étendent jusqu'aux épaules.

Le rat camas est un fouisseur infatigable, creu-

Le rat à abajoues, et plan de son terrier.

sant ses galeries près de la surface du sol et relevant, comme la taupe, des monticules sur son
chemin. Il vit en petites communautés. Son nom
dérive de sa nourriture principale, la racine qua-
mash.

Les voyageurs des régions septentrionales disent
qu'on ne doit pas craindre de mourir de froid dans
la neige. Ils sauront plaindre la victime, mais ils
souriront de son ignorance. C'est folie, selon eux,
que de périr de froid quand le calorique abonde. Le
voyageur, surpris par la tourmente, voyant tomber
la neige en masses épaisses, n'a pas besoin d'avoir

le corps endurci du montagnard écossais. S'il sai**
mettre à profit les moyens qui l'entourent de toutes
parts, il saluera avec joie chaque flocon qui tombe.
Choisissant un endroit où la neige s'est amoncelée,
il s'y creuse, avec les mains, un réduit ; enveloppé
de ses vêtements, il s'y couche et s'y enfonce tant
qu'il peut, sans se soucier de la neige qui commence
à l'ensevelir. La cellule improvisée ne tarde pas à
montrer ses vertus. La substance qui la compose
étant un mauvais conducteur de la chaleur le vent
ne l'enlève plus, elle est alors conservée et le voyageur sent renaître la vie dans ses membres engour-
dis. A mesure que le corps s'échauffe, le réduit se
creuse davantage ; l'hôte de ce singulier gîte s'enfonce plus profondément dans la neige, tandis que
celle-ci continue à le couvrir en masse épaisse et à
effacer toute trace de sa présence.

Il n'est pas à craindre qu'il étouffe faute d'air, la
chaleur de son haleine tient ouvert un étroit passage à l'orifice duquel elle se condense en aiguilles
étincelantes. Le froid est encore moins à redouter ;
l'abri devient plutôt trop chaud, et le voyageur y
peut dormir aussi tranquillement que dans son lit.
Même dans les Iles Britanniques, chaque hiver on
emploie cet expédient. Dans les Highlands, lorsque la
neige s'amoncèle en formes fantastiques, au souffle
d'un vent impétueux, des troupeaux entiers de moutons disparaissent quelquefois ; alors le berger,
suivi de son fidèle compagnon, se met à leur recherche ; il marche au hasard, car le paysage si
familier est comme enseveli sous un vaste linceuil,

et, livré à ses propres ressources, il ne réussirait pas dans sa poursuite. Mais le chien, doué d'un merveilleux instinct, court dans toutes les directions ; levant la tête, il renifle l'air et tout à coup s'élance en avant ; il a senti l'odeur si connue, et s'arrête à une petite ouverture qui se fait jour dans la neige et où brille une incrustation de givre, indice cer-

Femelle d'ours blanc dans son réduit d'hiver.

tain que les moutons s'y trouvent et qu'ils sont encore vivants. Ces bêtes ne se sont pas volontairement creusé un abri dans la neige ; pour éviter les rafales glacées, elles se sont réfugiées près de quelque objet qui put les abriter, et serrées, les unes contre les autres, elles ont été ensevelies sous la neige. Lorsque, dans de pareilles circonstances, on laisse un troupeau trop longtemps sans secours, il périt faute de nourriture.

C'est avec intention que l'ours femelle des mers polaires se place dans une semblable position. Vers le mois de décembre, se retirant près d'un rocher, elle creuse un peu la neige, se couche et bientôt disparaît ensevelie sous les flocons. Elle attend dans cette singulière retraite le moment de mettre bas, et continue d'y résider avec ses petits jusqu'au mois de mars. A cette époque, elle se dégage et revient au jour en compagnie des oursons; ceux-ci ont alors la taille d'un lapin ordinaire. A mesure qu'ils se développaient sous la neige, leur cellule s'agrandissait sous l'influence de la chaleur animale. Il n'y a parmi les ours des régions arctiques que les femelles pleines qui choisissent une semblable retraite. Avant de prendre ses quartiers d'hiver, elle a mangé énormément et est devenue excessivement grasse. Bien que les oursons soient remarquablement petits, si on les compare à la mère, il n'est pas moins étonnant que celle-ci puisse accumuler sur elle assez de graisse pour maintenir, pendant trois mois, sa propre existence et allaiter sa progéniture sans absorber la moindre nourriture.

Nous ne pouvons dans un ouvrage de cette nature oublier le phichiciago. Cet animal est de la grosseur de la taupe à qui il ressemble par ses habitudes. L'inspection de son squelette indique suffisamment sa nature de mammifère. Les os des jambes de devant sont courts, gros et arqués, indice d'une grande force musculaire; les pattes

de devant sont énormes, en forme de mains et
garnies de cinq fortes griffes courbées. Le museau
est long et pointu ; comme chez la taupe, les yeux,
très-petits, disparaissent sous une épaisse fourrure.

Le phichiciago habite le Chili ; il vit sous terre
où il se creuse de longues galeries, et comme tous
les édentés, se nourrit probablement d'insectes. Ce

Le phichiciago.

qui le distingue surtout, c'est une cuirasse de lames
cornées et carrées. Elle n'est fixée que le long de
l'épine dorsale et au sommet de la tête ; elle descend
brusquement, à l'insertion de la queue, en forme de
tablier et protége efficacement le train de derrière
contre toute attaque, lorsque l'animal est occupé à
fouir. Cette cuirasse possède la flexibilité d'une cotte
de mailles d'autrefois ; elle se prête à tout mouvement. Un pelage jaunâtre recouvre le reste du corps.

Les tatous habitent l'Amérique du Sud ; ils passent le jour dans des terriers et n'en sortent que la
nuit. Leurs réduits ont environ cinq mètres de

long ; ils descendent d'abord en pente rapide, puis s'infléchissant brusquement, ils remontent vers le sol. Tous portent une cuirasse ; la construction de leurs membres de devant les rend propres à creuser sous terre, où ils trouvent une grande partie de leur nourriture. On a même vu le tatou géant déterrer des corps et s'en nourrir. La cuirasse des tatous est tellement dure, que les gauchos y aiguisent leur long couteau espagnol. Il n'est pas aisé de surprendre ces animaux dans leur ter-rier : on enfonce d'abord un bâton dans le trou ; s'il en sort des moustiques, c'est que l'animal est chez lui ; sinon, inutile de prolonger les recherches. Certain de la présence du tatou, on enfonce dans le terrier une longue perche ; à l'extrémité de celle-ci, on creuse dans le sol un trou qui sert de nouveau point de départ ; à force de renouveler ce procédé on parvient jusqu'au tatou. Il faut de grandes précautions pour le saisir, car ses griffes sont des armes redoutables. La cuirasse, si dure et si roide chez les spécimens empaillés, jouit comme chez le phichi-ciago d'une grande flexibilité, au point de permettre à l'animal, en cas de danger, de se rouler en forme de boule.

Un autre fouisseur très-curieux, l'aard-vark de l'Afrique méridionale habite de grandes excavations qu'il fait dans le sol. Son nom, qui est hollandais, veut dire cochon de terre ; il lui a été donné à cause de la forme porcine de sa tête et pour caractériser ses habitudes. Les griffes de cet animal sont énormes et parfaitement adaptées

Tatous géants déterrant un cadavre.

à leur emploi, car elles ne servent pas unique
ment à creuser une terre meuble ou sablonneuse
Armé de ces outils, l'aard-vark démolit les immenses
fourmilières des plaines de l'Afrique, édifices qui
semblent être construits de pierres plutôt que de
boue et dont le sommet peut supporter le poids de
plusieurs hommes. Vers le soir l'aard-vark quitte
la retraite où il a dormi toute la journée et se met
à la recherche d'une fourmillière. Lorsqu'il en a
trouvé une, il y pratique aisément une ouverture
au moyen de ses griffes; les habitantes conster-
nées, voyant leur maison ébranlée comme par un
tremblement de terre, s'enfuient dans toutes les
directions, mais l'assaillant, dardant au milieu
d'elles une longue langue gluante les prend par
centaines à la fois. Une fourmilière ainsi dévastée devient un refuge pour les chacals et autres bêtes de
proie, ainsi que pour quelques variétés de serpents.
Les Caffres y mettent souvent leurs morts. Les excavations de l'aard-vark sont assez profondes pour
culbuter une charrette si la roue y pénètre et pour
abattre la monture du chasseur qui aurait l'impru-
dence d'y poser le pied.

Deux grandes îles, dont l'une doit être, à cause de
son importance, classée parmi les continents, se distinguent par le caractère bizarre de leur faune.
Arrive-t-il en Europe un animal plus singulier que
de coutume, on peut, en toute assurance, le supposer originaire de Madagascar ou de l'Australie. Les
deux animaux dont nous allons parler appartiennent à ce dernier pays.

L'ornithorhynque ou mallangong des indigènes
est un être unique dans son espèce. A le regarder,
on ne dirait pas que c'est un mammifère et cependant il se construit une retraite souterraine
d'une assez grande dimension. La large membrane qui s'étend entre les griffes de l'animal,
soit à la nage, soit à la marche, se replie quand
il creuse et l'aide à rejeter les déblais. Son corps
arrondi, sur lequel la peau pend en larges plis,

L'ornithorhynque

est fait pour parcourir des galeries souterraines, et sa singulière fourrure convient parfaitement à un animal qui vit tantôt sous terre,
tantôt dans l'eau : sur la peau se trouve une épaisse
fourrure de nature laineuse à travers laquelle
sortent de longs poils très-minces à la base et
qui, comme ceux de la taupe, ne prennent aucune
direction particulière. Les yeux sont assez grands,
un singulier rebord, pendant, pareil à du cuir et qui

contourne la base des mandibules, empêche la terre
d'y tomber. Cet appendice sert aussi probablement
à empêcher le bec de pénétrer trop en avant, lorsque l'animal l'enfonce dans la vase, en quête de
nourriture.

Les spécimens de nos musées ne donnent pas une
idée correcte des mandibules si remarquables et
pareilles à celles du canard. Elles sont noires, rac-
cornies et semblent découpées dans du cuir, tandis qu'elles sont, chez l'animal en vie, pleines et
arrondies. La mandibule supérieure est alors d'un
gris foncé, parsemé de points noirs et couleur de
chair en dessous. L'autre est d'un rose pâle et quelquefois même blanche. L'ornithorhynque construit son terrier dans le terrain qui borde un cours
d'eau ; il y a toujours deux entrées, l'une au dessus
de la surface de l'eau, l'autre au dessous. La première se cache sous des plantes à feuilles tombantes ;
en les écartant, on voit un trou de moyenne grandeur sur les bords duquel se trouvent les emprein-
tes des pattes de l'animal ; à l'inspection de ces dernières, les indigènes jugent si la bête est récemment
rentrée dans son repaire. A partir de l'entrée le
terrier pénètre, en faisant beaucoup de détours, à une
profondeur de huit à dix mètres et même quelquefois de plus de dix-huit. Il se peut que les sinuosités
du souterrain soient dues à des obstacles, tels que
des pierres ou des racines, que l'animal rencontre
dans ses fouilles, et qu'il est forcé de contourner,
car les différents terriers ne se ressemblent nullement sous le rapport des détours. A l'extrémité su-

périeure du conduit est placé le nid, formé par
une excavation ovale beaucoup plus large que
les autres parties du réduit. Elle est tapissée
d'herbes et de mousses ; l'ornithorhynque y
met bas ses petits, généralement au nombre de
deux ; cependant on en a trouvé jusqu'à quatre
dans le même nid. L'existence de l'ornithorhynque se passe, comme celle du rat musqué
dont nous avons parlé plus haut, moitié dans
l'eau, moitié sous terre. Lorsqu'il nage, il ressemble plutôt à un amas d'herbes flottantes qu'à une
créature vivante.

L'Australie produit un autre animal bizarre
très-remarquable par ses facultés de creuser
le sol. C'est le porc - épic fourmilier ou l'échidné, de l'ordre des monotrèmes. En dépit de son
faible volume, il sait se frayer un chemin à travers des terrains très-résistants et arracher de
grosses pierres, pourvu qu'il s'y trouve une crevasse
où il puisse insérer une patte. C'est pour cela qu'il
est si difficile à garder en captivité ; toutefois on
voit actuellement deux porcs-épics fourmiliers au
jardin zoologique de Londres. Quand cet animal est
poursuivi en rase campagne, il s'arc-boute, ramasse
sous lui ses jambes et grattant la terre avec furie
disparaît bientôt à la vue. Si la nature du sol s'op-
pose à ce genre de fuite, il se roule en boule, comme
le hérisson, et défie ses ennemis. Ses pattes sont
non-seulement d'excellents outils pour creuser,
mais aussi elles ont une telle prise sur une planche
même unie qu'on ne peut les en détacher qu'avec

peine ; on n'y parvient qu'en saisissant vigou-
reusement une jambe de derrière, le reste du corps
étant défendu par des piquants. Le mâle porte aux
pattes de derrière un grand ergot perforé à travers
lequel une glande assez grosse secrète un liquide ;
la même particularité se remarque chez l'ornithorhynque. Cette arme si redoutable en apparence
semble être parfaitement inoffensive, car on n'a jamais vu aucun de ces animaux en faire usage.

II

LES OISEAUX TERRIERS.

L'hirondelle de rivage. Forme de sa demeure. Ses ennemis.
— Le martin-pêcheur. Nid et œufs. — Le macareux des îles
Fœroë. — Le guêpier. — L'oiseau des tempêtes. Manière de
nourrir ses petits. Mauvaise odeur de son nid. — Les pies. —
Les pies d'Amérique. — Le torcol. — L'étourneau. Sa sociabi-
lité. — Le grimpereau. — Le casse-noisette et la huppe. Singulier nid de la huppe. — Le toucan. Son bec.

L'hirondelle de rivage si abondante dans notre
pays, nous fournit un des meilleurs échantil-
lons d'oiseaux terriers. En remarquant son bec
si délicat, on ne la supposerait pas capable de
perforer un grès assez dur. Il en est cependant ainsi;
toutefois l'oiseau choisira de préférence un sol
meuble, mais offrant assez de consistance pour qu'il
n'y ait aucun danger d'éboulement. A défaut d'une
localité de ce genre, l'hirondelle de rivage ne se
met pas moins résolument à l'œuvre: se servant
de ses pattes comme d'un pivot, elle tourne continuellement en rond et bientôt finit par pratiquer, à

coups de bec, un trou presque circulaire dans le grès. Le passage incessant des oiseaux en déforme peu à peu l'entrée, mais lorsque le terrier vient d'être construit, son aspect est presque cylindrique. Afin d'empêcher l'eau de la pluie d'y séjourner, le tunnel remonte invariablement en pente douce, à

L'hirondelle de rivage.

une profondeur d'environ quatre-vingts centimètres. Il se dirige ordinairement en ligne droite, à moins que quelque obstacle, tel qu'une pierre ou une racine, n'oblige l'oiseau à le tourner. Si la pierre est très-grande, l'hirondelle renonce à son travail et va le recommencer ailleurs. On voit souvent dans le grès dur, de ces terriers à moitié achevés, puis abandonnés. Le tunnel s'élargit à son extrémité pour recevoir le nid, construction très-simple composée de plumes et d'herbes sèches. Les œufs, très-petits, sont d'un blanc légèrement rosé. Pendant la période de l'incubation, l'hirondelle de rivage a peu d'ennemis à craindre ; mais dès que les petits sont éclos, de nombreux dangers les menacent. La pie et le corbeau les guettent pour s'emparer d'eux lorsqu'ils quittent le nid afin d'essayer leurs ailes ; la crécerelle et l'émouchet fondent sur eux d'un vol rapide et les emportent dans leurs serres.

L'homme est peut-être l'ennemi le plus redoutable de l'hirondelle de rivage. Faire l'ascension d'un rocher presque perpendiculaire, s'accrocher d'un bras, tandis que l'autre plonge dans le terrier, se savoir suspendu à une hauteur où le moindre faux pas devient fatal, tout cela forme un mélange de dangers et de plaisirs auquel nul gamin ne peut résister. Fort heureusement les nids se trouvent souvent hors de toute atteinte, et les services que rendent ces oiseaux ne sont pas toujours méconnus.

Quoique le martin - pêcheur ne creuse pas tout le terrier dans lequel il demeure, cependant il change et approprie à ses besoins un terrier qu'il trouve déjà fait. Ce charmant oiseau appartient à une des rares espèces de notre pays qui puissent, par leur plumage, lutter avec les oiseaux des tropiques. Les amateurs de pêche, les personnes qui aiment à se promener le long d'un cours d'eau ont dû voir le martin-pêcheur immo-

bile sur une pierre ou sur une branche et guettant
d'un regard attentif les mouvements du poisson. Il
se tient dans une immobilité si complète qu'il
échappe, malgré l'éclat de son plumage bleu de
ciel sur le dos et rouge sous le ventre, à tout œil non
exercé. S'élançant soudainement dans l'eau, il en

Le martin-pêcheur et son nid.

ressort, après quelques secondes, un petit poisson
dans le bec. Souvent il regagne son perchoir et jetant sa proie en l'air il l'attrape adroitement, la tête
en bas, et l'avale avec rapidité ; puis il guette une
autre victime. Il choisit toujours sa demeure près
d'un cours d'eau et s'établit généralement dans un
repaire abandonné par les rats d'eau. J'en ai vu un

qui s'était fixé au bord d'un ruisseau qu'un enfan⁺
pouvait traverser d'une enjambée et dans le terrier
d'une musaraigne aquatique ; par conséquent l'en
trée en était si étroite, qu'il me fallait l'élargir pour
y passer ma main.

Il est bien reconnu que les œufs reposent sur des
os de poisson. La première description exacte du
nid nous a été donnée par M. Gould, l'éminent orni-
thologue. Personne, avant lui, n'avait réussi dans
la tâche difficile d'enlever le nid sans le briser.

Dans plusieurs parties de l'Angleterre il existe
encore une légende suivant laquelle les autorités
du Musée Britannique auraient offert une récom-
pense de cent livres sterling (2500 fr.) à celui qui ap-
porterait un nid de martin-pêcheur complétement
intact. M. Gould ayant découvert la retraite d'un de
ces oiseaux s'assura qu'il y avait un nid ; pour le
déterrer sans y faire tomber de terre, il remplit
tout le terrier de coton, en l'introduisant au moyen
d'une canne à pêche ; puis, creusant au dessus du
nid, il parvint à le mettre à découvert et à prendre
une femelle couvant huit œufs. Il enleva, avec de
grandes précautions, le nid fragile qui se voit encore aujourd'hui au Musée Britannique. Il est entièrement composé d'os de poisson, dont la majeure
partie est fournie par des vérons. L'oiseau les rejette après avoir digéré la chair. Le nid n'a que douze
millimètres d'épaisseur ; sa forme circulaire, ainsi
que le creux peu profond du milieu, indique que
l'oiseau y place les os avec régularité et non au hasard. C'est peut-être à ces os et à leur décomposition

partielle qu'est due la mauvaise odeur très-prononcée d'un terrier de martin-pêcheur. Celle-ci s'attache même à l'oiseau : je possède un spécimen empaillé dont la peau conserve, en dépit de toute précaution, une odeur excessivement pénétrante. Cet oiseau pond une grande quantité d'œufs et remplace ceux qu'on lui enlève.

Le macareux, à l'aspect grotesque, appartient aussi à la classe des oiseaux terriers. Comme tous les plongeurs, il ne pond qu'un œuf qu'il dépose sous terre. Il aime à s'emparer d'une excavation toute faite, telle qu'un clapier de lapin, dont il parvient à chasser les habitants, grâce à son bec formidable ; mais, s'il le faut, il se montre habile à se creuser une retraite. Ces oiseaux fréquentent surtout les îles Fœroë, dont le sol léger leur convient parfaitement. Le terrier a ordinairement un mètre de long et n'est jamais tracé en ligne droite ; au fond se trouve l'œuf simplement posé sur la terre. Les jeunes macareux, tant que leur bec n'est pas développé, sont en butte à de nombreux ennemis, mais les parents les défendent courageusement. On les a vus saisir l'agresseur, plonger avec lui dans la mer et le noyer.

Les contrées du nord de l'Europe sont quelquefois visitées par un oiseau d'un plumage même plus beau que celui du martin-pêcheur et d'une forme beaucoup plus élégante. C'est le guêpier, si commun dans les contrées plus chaudes de l'ancien monde. Sur son corps se mêlent en teintes harmonieuses le vert, l'azur, le jaune, l'o-

rangé et le brun ; sur la tête un peu de blanc, et
sous la gorge descend une bande étroite d'un bleu
foncé. L'effet de ce brillant plumage est magnifique, lorsque le soleil l'éclaire. A chaque mouvement de son vol rapide, le guêpier semble changer

Macareux envahissant un terrier de lapin.

de couleur ; et quoiqu'il ne possède pas l'éclat métallique de l'oiseau-mouche, l'art ne saurait repro-
duire son merveilleux coloris. Une seule chose fait
ombre dans ce ravissant tableau, c'est un cri des
plus discordants. Ces oiseaux aimant à vivre en

société, il est assez facile de découvrir leur retraite temporaire. Leur terrier n'a généralement qu'un pied de profondeur, de manière qu'on voit du dehors l'oiseau couvant ses œufs ; ceux-ci, au nombre de cinq ou six, sont d'un blanc de perle. Quand la position est favorable, on peut voir le sol criblé de trous comme dans une colonie d'hirondelles de rivage. Les guêpiers, à mon avis, ne nichent pas dans le nord où ils n'arrivent que par hasard et où on les tire aussitôt. Ils abondent dans les latitudes plus chaudes de l'Europe, et dans plusieurs parties de l'Asie et de l'Afrique septentrionale.

Qui croirait l'oiseau des tempêtes, de la famille des pétrels, capable de creuser un trou dans la terre et d'y faire son nid ? Cependant, il en est ainsi, et lorsque l'oiseau ne trouve pas une retraite toute faite, telle qu'une fente de rocher ou un clapier abandonné, il se met à l'œuvre. Près du cap Sable de la Nouvelle-Écosse, il y a plusieurs îlots dont la partie supérieure est sablonneuse. Les pétrels s'y rendent en quantités innombrables et y creusent de petits terriers, ayant à peine un pied de profondeur ; à vrai dire la cavité est juste assez grande pour abriter l'oiseau et sa famille. Il y pond un seul œuf blanc et de petite dimension ; ses petits ressemblent à des boules de duvet blanc. La mère a grand soin d'eux et les nourrit avec le fluide oléagineux sécrété en si grande abondance par ses organes digestifs que les habitants de certains pays se font une lampe en passant simplement une mèche à travers le corps de l'oiseau ; l'huile ne tarde pas à monter et y brûle aussi parfaitement que dans la lampe primitive des anciens.

L'oiseau des tempêtes ne nourrit son petit que la nuit ; le jour il s'éloigne à de grandes distances de la terre. Ses petits sont d'abord très-faibles et ne quittent leur cavité que lorsqu'ils sont âgés de plusieurs semaines. Il pressent instinctivement la tempête et semble s'y plaire beaucoup, car la violence du vent fait remonter à la surface de la mer les substances dont l'oiseau se nourrit. Celui-ci les saisit avant qu'elles disparaissent sous l'eau. A l'époque de la ponte il se montre infatigable à rechercher de la nourriture ; quelquefois, dans l'espoir d'obtenir des débris, il suit les navires pendant assez longtemps ; si alors on vide une tasse d'huile dans la mer, l'oiseau enlève l'huile avec son bec et l'apporte dans son nid. Ce dernier, à cause du genre de nourriture, exhale une odeur fort désagréable.

Jusqu'ici il a été question d'oiseaux habitant un terrier ; nous arrivons maintenant à ceux qui se creusent une demeure dans le bois. La première place appartient nécessairement aux pics dont les différentes espèces sont répandues dans toutes les parties du monde. La conformation particulière du bec, des pattes et de la queue les fait aisément distinguer des autres oiseaux : le bec les aide à perforer l'écorce et le bois, ils se cramponnent par les pattes au tronc des arbres, et s'appuyant sur la queue savent se maintenir dans une position qui leur permet de donner plus de force à leur

coups. Nous connaissons, dans notre pays surtout,
le pic-vert; mais cet oiseau tend à disparaître à
cause de la guerre injuste qu'on lui fait. En
vérité, s'il s'attaquait à du bois encore sain, on devrait le ranger parmi les oiseaux nuisibles, mais si
l'on examine l'écorce tombée au pied d'un arbre
sur lequel travaille le pic-vert, il est aisé de voir
que celle-ci s'était déjà presque entièrement détachée sous l'effort du temps et qu'elle ne forme plus
sur le tronc qu'une simple excroissance. D'innombrables insectes s'abritent sous cette écorce, et c'est
pour s'emparer de ceux-ci que l'oiseau la fait tomber. Le pic de notre pays n'a pas la force nécessaire
pour creuser un arbre sain; par conséquent il est
obligé, pour construire sa retraite, de s'attaquer à
du bois déjà mort ou qui commence à pourrir.

Il choisit quelquefois la place où le vent a détaché
une branche, laissant un creux par lequel la pluie
a profondément pénétré; le bois y est devenu si
mou qu'on l'enlève avec le doigt. Plus d'un arbre,
en apparence plein de vigueur, est déjà pourri jusqu'au cœur, parce que l'eau s'y est frayé un chemin
par quelque trou qu'on ne soupçonne pas. Une
autre fois un champignon énorme apparaîtra sur
un arbre et lorsque, l'automne venu, il tombera
sans laisser de traces visibles, l'arbre semblera
aussi sain qu'avant l'envahissement de la plante
parasite ; cependant tout le bois a subi une profonde altération; il est devenu mou, spongieux ;
l'œil de l'homme a de la peine à s'en apercevoir,
mais le pic-vert y est attiré par un instinct mysté-

rieux. Armé d'un bec en forme de pic, il transperce
sans beaucoup de peine le bois vermoulu et s'y fait
une excavation. Le réduit du pic-vert ne sent pas
moins mauvais que celui du martin-pêcheur; le
nid se compose simplement des fragments de bois
tombés en creusant l'arbre. Les œufs sont d'un blanc
pur.

Le petit pic à duvet et son nid.

Plusieurs pics de l'Amérique du Nord savent, au
dire de Wilson et d'Audubon, faire un trou même
dans du bois complétement sain. Cependant ils choisissent de préférence les arbres vermoulus, mais
quelquefois pour atteindre la partie pourrie du
centre, ils se voient obligés de traverser plusieurs
pouces de bois sain. On a vu le grand pic à bec
d'ivoire faire tomber des éclats d'une table d'acajou.

Le petit pic à duvet sait aussi perforer du bois dur et s'y construire une retraite très-ingénieuse ; celle-ci se trouve, à l'orifice, juste assez grande pour donner passage à l'oiseau et prend une direction oblique ; puis plongeant perpendiculairement, elle s'élargit assez pour mériter le nom de chambre. L'entrée est d'abord d'un rond aussi parfait que si on l'avait fait au moyen d'un vilbrequin, mais les contours s'usent par le contact des oiseaux.

Ce réduit si confortable est souvent pris d'assaut par le roitelet. Doué d'un courage indomptable, il en chasse les propriétaires, en dépit de sa très-petite taille, et s'y installe à leur place. Les pics de l'Amérique ont encore un autre ennemi : le serpent noir voyant entrer et sortir les père et mère se dresse contre l'arbre et envahit en rampant la demeure du pic ; œufs ou petits lui sont de bonne prise, et, s'y trouvant bien, il se replie sur lui-même et se livre au sommeil. Plus d'un écolier a battu en retraite, effrayé, en trouvant, au lieu de petits pics, un hideux serpent noir ; cependant celui-ci est parfaitement inoffensif malgré son air méchant.

Beaucoup d'oiseaux déposent leurs œufs dans des trous d'arbre, sans faire eux-mêmes d'excavation. Nous citerons parmi eux le torcol, oiseau bien connu, d'une forme élégante, au plumage tacheté de brun de différentes nuances, et possédant sur la tête une petite huppe mobile. Il choisit un trou dans un arbre ou bien le réduit abandonné d'un pic et y pond des œufs blancs en grand nombre. Bien que d'une nature timide, il défend courageusement sa demeure, ainsi que sa nombreuse progéniture ; en dépit d'un bec peu propre à faire du mal, il réussit souvent par son air furieux et un sifflement de vi père en colère, à faire battre en retraite l'écoliei novice qui vient pour le dépouiller.

L'étourneau dépose aussi ses œufs dans un creux quelconque ; plus celui-ci est profond et étroit à l'entrée, plus il semble lui plaire. Il établit son domicile dans toute cavité capable de contenir ses œufs d'un bleu pâle ; dans les villes il se montre ingénieux à cacher sa retraite que les cris des petits seuls font souvent découvrir. Il s'introduit quelquefois dans un pigeonnier avec les habitants duquel il vit en harmonie. Il a une préférence marquée pour la demeure du choucas ; ce dernier s'empare souvent du nid d'un hibou dont il est chassé à son tour par l'étourneau.

Le grimpereau est connu pour sa forme élégante, son bec mince et légèrement courbé. Malgré son faible volume, il se montre habile à traverser un tronc d'arbre. Son nid se trouve ordinairement dans le creux de quelque arbre mort ; il se compose de mousse, d'herbes et de plumes, tandis que les autres oiseaux, qui, comme lui, nichent dans des creux, se contentent de simples fragments de bois pourri.

Le casse - noisette au corps ramassé, au bec solide et aux membres forts, choisit pour domicile une cavité à très - petite entrée ; on pré tend que quand l'orifice est trop grand, la femelle le diminue avec de l'argile qu'elle pétrit. Le casse-noisette défend avec succès sa demeure ; il se jette avec furie sur tout assaillant et le repousse à coups de bec. Ce dernier, assez fort pour briser une coquille de noix, laisse des marques non équivoques de sa force. Le nid très-simple de cet oiseau mérite à peine ce nom.

La huppe est un des plus beaux oiseaux de nos pays où elle tend à devenir très-rare. Elle fait son nid dans un vieil arbre et se nourrit principalement d'insectes. Au moyen de son long bec, elle en déterre beaucoup sous le bois pourri, où se logent aussi de nombreuses larves qui fournissent à l'oiseau une abondante nourriture. Son nid se compose d'herbes et de plumes ; le creux dans lequel il se trouve exhale une odeur bien autrement infecte que celui du martin-pêcheur. On crut d'abord en trouver la cause dans la nourriture de la huppe, mais il est maintenant reconnu qu'elle est due à une substance sécrétée par certaines glandes qui se trouvent près de la queue et dont on ignore l'utilité.

Le toucan, nous fournit un autre exemple d'oiseaux nichant dans un arbre creux. On connaît beaucoup d'espèces de toucans qui, toutes, se distinguent par un bec énorme aux teintes brillantes, tantôt orangé et noir, tantôt pourpre et jaune, d'autre fois vert et rouge, mais toujours hors de proportion avec le corps de l'oiseau : il est très-fort malgré sa légèreté, car il se compose d'une matière cornée qui n'a cependant dans certaines parties que l'épaisseur d'une feuille de pa-

pier à lettre. A moitié transparent, il laisse voir
les différentes couleurs de ses membranes intérieures. Quelques auteurs prétendent que le toucan
creuse lui-même sa demeure; j'en doute et je pense
qu'il ne fait dans le creux des arbres que les changements nécessaires pour les approprier à son
usage. On dit que les singes font une rude chasse

Le Toucan.

aux petits ; la mère les défend en laissant sortir de
sa demeure, à l'approche de ces quadrumanes, son
monstrueux bec, avec lequel elle repousse toute
les attaques.

Le toucan aime les arbres et ne s'éloigne pas des
forêts. Il habite l'Amérique du Sud ; on le voit

souvent perché sur la dernière branche d'un marœ, arbre d'une grande élévation. Il ne vole que par saccades et à de courtes distances à la fois ; le bec semble par son poids entraîner le corps de l'animal, dont la tête en volant s'incline toujours en bas.

III

REPTILES TERRIERS

Les reptiles et leur habitation. — La tortue de terre. — Les
crocodiles. — Le serpent jaune de la Jamaïque. — Découverte
d'un terrier.

Les reptiles, en général, ne sont pas remarquables dans l'art de se creuser un terrier. Quelques-uns d'entre eux s'enfoncent dans la terre pour
y passer plusieurs mois dans un état complet de
torpeur ; ils en ressortent lorsque le retour de
la chaleur a rétabli chez eux les fonctions du
corps. La tortue de terre se creuse une retraite
avec des peines infinies et s'y cache pendant
l'hiver. D'autres reptiles, par exemple les crocodiles, s'enfoncent profondément dans la vase ;
plus d'un voyageur s'est enfui effrayé en voyant,
à la fin de la période d'hivernation, leur hideux
museau sortir lentement de la vase.

Les serpents ont aussi l'habitude de passer l'hiver dans des creux d'arbre ou dans quelque terrier

abandonné. On déterre souvent à la campagne tout
une assemblée de ces reptiles, roulés dans une
cavité, mais le fait d'un serpent creusant un terrier
est chose trop rare pour passer sous silence un
exemple, unique, il est vrai, mais parfaitement au-
thentique.

M. Gassr, dans son intéressant ouvrage sur l'his
toire naturelle de la Jamaïque, parle d'un terrier fait
par un serpent jaune. Cet ophidien, très-abondant à
la Jamaïque, est parfaitement inoffensif, n'ayant
pas de crochets à venin. Il atteint une longueur de
deux mètres et demi, il se montre l'adversaire
implacable des rats, à la chasse desquels il s'a-
charne jusque dans leurs demeures, mais, comme
la belette, il ne dédaigne pas les poulaillers. On a
trouvé dans le ventre d'un seul serpent jaune,
jusqu'à sept œufs, dont pas un n'était cassé.

Un de ces reptiles fut surpris sortant d'un trou
dans une couche préparée pour la culture d'ignames.
En enlevant avec précaution la terre, on mit à découvert une grande chambre tapissée de fragments
de feuilles de bananier et contenant six œufs attachés les uns aux autres. En dehors du trou on
voyait un amas de terre meuble, résultat évident
d'une excavation. Le serpent jaune s'établit ordinairement entre deux branches de figuier ou de
cotonnier ; on comprend difficilement qu'un de ces
animàux ait pu se faire un terrier et se débarrasser des déblais.

M. Will, à qui la question a été soumise, est
d'avis qu'il a été possible au serpent de détacher la

terre au moyen de sa bouche et de la rejeter par des contractions réitérées des segments abdominaux qui auraient agi d'après le principe de la vis d'Archimède. Dans un des œufs on trouva un petit qui avait déjà dix-huit centimètres.

IV

CRUSTACÉS ·

Le lecteur comprendra que nous n'avons pu citer que les mammifères et les oiseaux les plus remarquables pour leur demeure. Il a fallu passer sous silence beaucoup de vertébrés se terrant, afin d'arriver aux êtres inférieurs du règne animal.

Nous ne parlerons ici que des crustacés qui se creusent un véritable terrier d'où ils sortent pour chercher leur nourriture et où ils se réfugient en cas de danger, c'est-à-dire des crabes de terre sur lesquels on a fait de si nombreux récits, tantôt vrais, tantôt faux et toujours exagérés. Ces crustacés se trouvent dans différents pays et se ressemblent sous beaucoup de rapports : tous se terrent et courent très-vite ; ils savent faire de profondes morsures et vivent en troupes. Lorsqu'ils ont été

bien préparés, ils sont un mets des plus recher-
chés.

Le crabe de terre de la Jamaïque appelé tour-
lourou aux Antilles, a la carapace noire, tantôt

Le crabe de terre.

bleue et quelquefois tachetée, mais le bleu y
domine toujours. Dans tous les lieux où il s'établit, on voit le sol criblé de trous comme une garenne. Il passe la plus grande partie du jour dans

son terrier et sort la nuit à la recherche de sa nourriture. Il regagne son terrier à la moindre alarme, mais si la retraite est coupée, il se bat au lieu de fuir. Saisissant l'ennemi avec une de ses grosses pattes, il la secoue jusqu'à ce que celle-ci se détache du corps. Comme les muscles conservent leur tension pendant quelque temps et malgré cette séparation violente, l'ennemi souffre tout autant que si la patte tenait au corps du crabe ; le crustacé profite de cette douleur pour se cacher dans quelque crevasse. La perte du membre n'est que temporaire ; une nouvelle patte repousse bientôt et remplace celle qui a été sacrifiée. Quoique les terriers soient toujours distants d'au moins un kilomètre de la mer et souvent de deux ou trois, les crabes sont forcés de se rendre à la côte afin de déposer leurs œufs. Ceux-ci, attachés à la surface inférieure de l'abdomen, sont enlevés par l'action de l'eau. On voit alors une nombreuse procession de crabes tellement empressés d'arriver que rien ne peut les détourner. C'est probablement à cette occasion qu'on a prétendu que ces crustacés, plutôt que de dévier de la ligne droite, escaladaient des murs perpendiculaires.

Les crabes engraissent deux fois par an et d'une façon prodigieuse ; ils possèdent alors au plus haut degré, toutes les qualités qui les font rechercher par les gourmets. Vers le mois d'août, ils se retirent dans leurs terriers qu'ils ont garnis d'herbes et de feuilles ; ils en ferment l'entrée et y restent jusqu'à ce qu'ils soient dépouillés de leur carapace et qu'ils en aient revêtu une nouvelle ; cette dernière n'est d'abord qu'une membrane très-molle et traversée par de nombreux vaisseaux, mais qui se convertit bientôt en une substance calcaire des plus dures.

Plusieurs espèces de crabes de terre se distinguent par des particularités singulières : nous citerons comme exemple le crabe batailleur. Ce crustacé est pourvu d'une patte très-grosse et d'une autre très-petite, le bras d'Hercule et celui de Tom Pouce. En courant avec la merveilleuse rapidité propre à toute cette race, il tient la première en l'air et l'agite continuellement comme pour faire signe à quelqu'un. C'est de là que lui vient la dénomination scientifique de *gelasinus* (ridicule). Il est très-batailleur de sa nature, comme son nom l'indique, et sait infliger de fortes morsures à son adversaire. Il se creuse un terrier où il vit par couple, la femelle restant à l'intérieur, tandis que le mâle monte la garde, sa grosse patte placée en travers de l'ouverture du réduit.

Un autre crabe de terre, nommé le coursier, à cause de son étonnante vitesse, habite l'île de Ceylan en si grand nombre qu'il devient un vrai fléau pour les habitants. Sans le moindre respect pour les progrès de la civilisation, ces crustacés persistent à faire dans les routes des excavations qu'un nombreux personnel est toujours occupé à combler. Sans cette précaution, il deviendrait impossible de voyager à cheval.

Le crabe voleur, si fantastique d'aspect, habite

les îles de l'Océan Indien. Ce crustacé sait se passer d'eau pendant très-longtemps ; un réservoir placé de chaque côté du thorax, où se trouvent les organes de la respiration, fournit l'humidité nécessaire aux branchies. C'est sans doute pour le remplir que le crabe voleur se rend à la mer une fois toutes les vingt-quatre heures. Bon marcheur, sans posséder la grande vitesse de certaines espèces, lorsqu'il est en mouvement, il présente un singulier aspect ; se servant des deux paires de jambes, placées au centre du corps, il s'élève jusqu'à un pied du sol; si on lui coupe la retraite il fait face à l'ennemi en brandissant ses formidables pattes. Plusieurs auteurs prétendent qu'il grimpe sur les palmiers, mais cette assertion a fortement besoin d'être confirmée.

Le crabe voleur se nourrit principalement de noix de coco; si le fait n'était pas attesté par des personnes dignes de foi, on ne comprendrait pas que ce crustacé pût percer la coquille et s'emparer du noyau. Selon M. Darwin, le crabe saisit les noix tombées et de ses pattes énormes en arrache la substance fibreuse ; il la porte ensuite dans son terrier pour reposer dessus quand il doit changer de test. Les Malais enlèvent ces fibres qu'ils trouvent toutes préparées pour calfater les navires et en faire des voiles. Après avoir ôté la première enveloppe, le crabe introduit le bout de sa patte dans un des petits trous qui se trouvent dans la noix et parvient par ce moyen à vider entièrement la coquille.

Dans la relation d'un voyage dans l'Océan Pacifique par un auteur anglais, nous remarquons ces lignes qui semblent confirmer l'opinion suivant laquelle ces crustacés grimperaient sur les cocotiers :

« Nous trouvant au large de l'île Sanoa, dit-il, je pris des informations sur les grands crabes si communs ici, qu'on appelle ou-ous et qui se nourrissent de noix de coco ; il paraît qu'ils montent sur les arbres et en jettent une noix dont ils ôtent l'enveloppe fibreuse à terre ; puis remontant avec elle ils la laissent retomber pour briser la coquille, ce à quoi ils réussissent généralement la première fois ; mais ils remontent s'il le faut et répètent l'opération jusqu'à ce qu'ils aient atteint leur but. Avant notre départ, un vieillard apporta à la mission quatre immenses ou-ous qui, dans les efforts qu'ils faisaient pour s'échapper, montraient assez de force pour briser les cordes qui les retenaient. On les avait pris en mettant à découvert leur terrier. »

Lorsqu'ils ont atteint tout leur développement, ces crabes mesurent plus de soixante centimètres de longueur ; ils sont d'un brun très-pâle avec une teinte prononcée de jaune.

V

MOLLUSQUES

Bien que les mollusques soient peu aptes à se
terrer, il y a cependant plusieurs espèces qui savent, non-seulement traverser la vase ou le fond
sablonneux de la mer, mais aussi se creuser des galeries permanentes dans la pierre et dans le bois.
J'ai en ce moment devant moi un fragment de roche
calcaire très-dure, dans laquelle sont percés plusieurs trous profonds, remarquablement unis à
l'intérieur et arrondis à leur extrémité ; on peut y
faire entrer le pouce. Ce fragment provient du bois
des Roches en Picardie, ainsi appelé à cause des
masses rocheuses dont le sol est transpercé. Chacun
des trous est occupé en hiver par un petit limaçon

qui ressemble beaucoup au limaçon commun de nos haies et à qui l'on attribue ces excavations. On estime qu'ils avancent dans leur travail à raison de douze millimètres par an. Des savants pensent que les trous ont été faits par des pholades et d'autres mollusques marins, et que la roche a dû autrefois reposer dans la mer ; les limaçons habiteraient ainsi une demeure qu'ils auraient trouvée toute faite.

J'ai comparé le terrier de ce mollusque, que nous appellerons le limaçon perforant, avec ceux des pholades et des lithodomes, sans lui trouver aucune ressemblance avec eux. La forme et la direction des trous indiquent clairement qu'ils sont faits par un animal beaucoup plus large que long. Dans mon échantillon, chaque trou se contracte à des intervalles irréguliers en formant une succession de creux arrondis. En admettant que ce limaçon soit l'auteur du terrier, il s'agit de savoir comment il opère. On croit que la pierre se corrode · sous l'action d'un acide secrété par le pied et dont les réactifs chimiques révèlent l'existence. Il est à remarquer que le limaçon, à l'approche de l'hiver, ne laisse pas sur son chemin de ces mucosités qui marquent son passage en été. Le limaçon perforant abandonne sa nourriture au commencement de la saison froide et s'attache à la pierre jusqu'au retour de l'été. Pendant ce temps, cette partie du rocher se corrode sous le travail du mollusque et les bords de l'excavation se couvrent d'une matière graisseuse qui durcit au contact de l'atmosphère. J'ajouterai que la pierre du bois des Roches a fourni les matériaux de la colonne de Boulogne qui, bien qu'elle soit exposée à tous les temps depuis soixante années, a conservé toute la netteté de ses contours. Par cette raison on appelle cette pierre : *Marbre Napoléon.*

Selon une autre opinion, le suc gastrique, au lieu de faciliter la digestion, se répandrait sur la pierre pour la corroder.

Il y a beaucoup de mollusques de mer qui creusent soit la vase, soit la pierre ou le bois. J'ai peu de chose à dire de ceux vivant dans la vase ; je citerai seulement la mye commune ou *bailleur*, ainsi nommée parce qu'un des bouts de la coquille s'entre-baille pour laisser passer un long tube ; celui-ci, dans un spécimen que je possède, a près de dix centimètres et est assez large à la base pour que le pouce puisse y entrer ; il diminue vers l'autre extrémité dans laquelle on peut à peine insérer le petit doigt. Ses parois se composent d'une membrane très-mince ; ce tube est plus ou moins rétractile et renferme les siphons au moyen desquels le mollusque respire et prend sa nourriture.

La mye habite les côtes vaseuses et sablonneuses ; elle échappe aux yeux inexpérimentés. Il est rare que la coquille avec le corps du mollusque soit cachée dans la vase à moins de sept ou huit centimètres ; souvent même ils se trouvent à vingt-cinq ou trente de la surface. La respiration serait impossible dans cette situation sans le tube qui, s'allongeant se projette à travers la vase jusqu'à l'eau, tout juste pour permettre aux extrémités des siphons de se montrer ; ceux-ci sont entourés de petits tentacules radiés qui avertissent le chercheur de coquilles de la présence du mollusque.

Le lépas, si répandu partout, perce des trous ; peut-être ceux-ci, très-peu profonds, ne sont-ils que le résultat du frottement de la coquille contre le rocher auquel ce mollusque est collé. Les coquilles finissent par s'enfoncer plus ou moins dans la pierre et quelquefois jusqu'à la moitié de leur volume. Les sillons qui se voient sur le même rocher indiquent le chemin pénible que le lépas a parcouru avant de trouver un endroit à sa convenance.

La pholade nous fournit un autre exemple de mollusques se terrant ; elle se trouve sur tous les rochers de nos côtes et varie d'apparence et de dimension selon les localités. Nos falaises sont tellement criblées de terriers qu'en plaçant la main sur un rocher on couvre au moins deux trous. La coquille elle-même est très-fragile ; des côtes dont les courbes gracieuses vont de la charnière aux bords la recouvrent à l'extérieur, et c'est au moyen de ces côtes et de pointes qui vont en s'amoindrissant que le mollusque perce la pierre. On l'a observé pénétrant dans la craie en imprimant à la coquille un léger mouvement de droite à gauche et *vice-versâ*. On parvient même à faire un trou semblable en se servant de la coquille comme d'un vilbrequin.

La pholade s'enfonce assez profondément, et en cassant une roche à coups de marteau on la trouve complétement perforée. On a dit avec justesse que la grandeur de la pholade et la netteté de ses arêtes sont en raison inverse de la roche où elle se trouve. Les plus grandes et les plus belles coquilles se rencontrent sur un fond mou, tandis que les pholades prises sur une roche calcaire sont comparativement petites et ont la surface usée par le frottement.

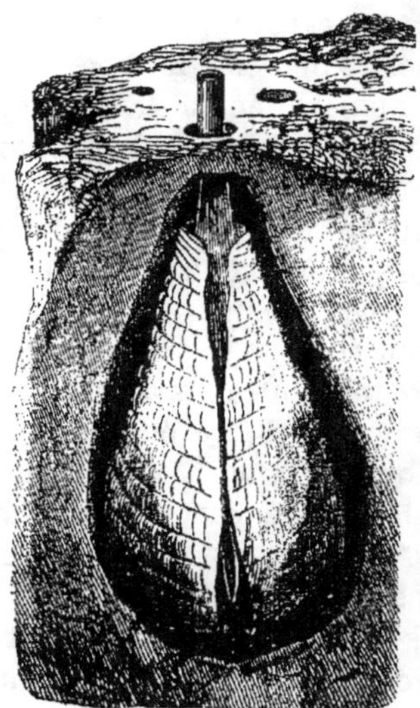

Pholade logée dans une roche.

On se demande naturellement pourquoi ce mollusque ne vit pas dans la mer comme la plupart des bivalves, au lieu de s'ensevelir dans une matière qui ne lui sert pas de nourriture. Peut-être se réfugie-t-il dans la pierre comme dans une retraite sûre, car sa coquille est très-fragile ; mais ce n'est pas la principale raison, car beaucoup de mollusques à coquille bien autrement fragile, au lieu de s'enfouir, parcourent l'Océan en toute liberté. A en juger d'après les effets produits sur une côte, par une succession de siècles, les pholades et d'autres animaux de même instinct constituent jusqu'à un certain point les instruments au moyen desquels s'opèrent les changements continuels qui se remarquent à la surface du globe.

Nous savons que la mer et la terre, tout en gardant leurs proportions générales, changent sans cesse leur position respective. Des champs couverts d'une abondante moisson étaient cachés par la mer à une époque assez récente pour qu'il existe encore des témoins oculaires de ce fait ; ailleurs on voit des bâtiments, éloignés autrefois d'un mille de la côte, en danger imminent d'être engloutis par la mer. La pholade joue, à mon avis, un rôle important dans ces changements, car en examinant une de nos falaises de craie, depuis le sommet jusqu'au niveau des basses mers, on rencontre partout les effets produits par ce mollusque. Il est vrai que la roche la plus dure ne peut résister à l'action incessante des vagues, mais l'œuvre de destruction est hâtée par le travail des pholades et d'autres mollusques perforants. La partie supérieure de la falaise manque bientôt d'appui et il s'en détache une masse composée de rochers de terre et d'herbes, ce qui change complétement son aspect ; elle recule tandis que le sol s'avance. C'est ainsi que la face du globe se métamorphose.

Parmi les bivalves, il faut citer un mollusque appelé *saxicava rugosa*, très-remarquable par la profondeur à laquelle il pénètre et la facilité avec laquelle il perce les substances les plus dures. C'est un bivalve légèrement aplati, d'un faible volume et assez symétrique quand il est jeune. Il prend en se développant une forme oblongue; son action est des plus rapides; jusqu'à présent on n'a pu en déterminer les moyens. Plusieurs conchyliologistes pensent que l'animal traverse la roche en l'amollissant au moyen d'un dissolvant qu'il secrète. Ceci paraît peu probable, car la *saxicava rugosa* travaillant sous la surface de la mer, le liquide dissolvant serait enlevé par les vagues ou perdrait sa puissance par son contact avec l'eau.

La forme du trou dans lequel on le trouve, ainsi que la dureté de la roche prouvent évidemment que ce mollusque emploie un moyen de pénétration inconnu aux naturalistes. Il n'y a sur toutes les côtes qu'il habite, aucune pierre assez dure pour qu'il ne puisse la perforer. Il creuse ses galeries à tout angle et rencontre souvent en agissant ainsi un autre animal de son espèce, occupé à un semblable travail; dans ce cas, comme il ne peut pas changer de direction, il pénètre tout bonnement à travers la coquille et le corps de son malheureux congénère. Le trou a ordinairement quinze centimètres de profondeur; le mollusque ne s'y tient pas en liberté; il s'attache à un côté moyennant un bissus ou faisceau de filaments semblable à celui de la moule, mais d'une force moindre, car il n'a pas à supporter une grande tension.

Un autre membre de cette famille, le *xylophaga dorsalis*, ne perce que le bois comme l'indique son nom. C'est une petite espèce de forme globulaire, et ne pénétrant qu'à trois centimètres de profondeur. On en trouve souvent la coquille dans du bois flottant et dans les pilotis qui plongent dans l'eau. Ce bivalve perce le bois transversalement au grain.

Ceux qui aiment à se promener au bord de la mer rencontrent souvent des preuves de l'existence d'un autre mollusque se terrant, je veux parler du solen ou manche de couteau. Dans certaines parties de nos côtes, il est impossible de marcher sur la plage, à marée basse, sans remarquer d'innombrables jets d'eau; ils surgissent du sol sans cause apparente et disparaisent après s'être élevés à un pied de hauteur. A l'endroit d'où sort une de ces singulières fontaines, on aperçoit dans le sable deux petits trous ronds très-rapprochés et assez larges pour y faire entrer une

Le manche de couteau.

plume d'oie. Les jets sont lancés par le solen et les deux trous forment les extrémités ouvertes du siphon, ce merveilleux appareil au moyen duquel l'animal prend sa nourriture. Si l'on veut obtenir un bon spécimen de ce mollusque on n'a qu'à verser dans le trou un peu de sel, substance que le solen

déteste et dont le contact le fait immédiatemen
sortir de sa retraite.

Disons un mot, en passant, du groupe curieux des
mollusques qui perforent des matières assez dures.
L'une très-commune en Angleterre, *flask shell*,
perce souvent l'écaille de l'huître et se fixe à l'a-
nimal au moyen d'un ciment naturel. La clavagelle
se distingue par des fronces à l'orifice du siphon,
quand le tube s'allonge.

La coquille de l'arrosoir est tellement petite et
enfoncé dans le tube qu'on n'aperçoit que la partie
proéminente de chaque valve. La base du tube
s'étend en disque perforé, semblable à une pomme
d'arrosoir ; l'autre extrémité est ornée de fronces
qui varient de une à huit.

Le taret perfore toujours le bois selon le grain,
à moins qu'un obstacle, tel qu'un clou, ou
le travail d'un autre taret, ne l'oblige à faire
une galerie transversale. A première vue, on ne
croirait pas que ce mollusque appartient à la
même classe que l'huître et la licorne, car il est de
forme vermiculaire, ayant deux à trois centimètres de
diamètre et presque un pied de longueur.

Tel est l'aspect d'un taret adulte, mais dans les
premières périodes de son existence, c'est un
petit objet rond couvert de cils, une miniature
de héron passant rapidement, au moyen de ces
appendices à travers l'eau. Au bout de trente-six
heures il subit un nouveau développement et est
alors doué d'un appareil distinct pour nager et
ramper. Il possède aussi des yeux rudimentaires et

des organes d'ouïe. Après un certain temps, il s'établit dans une localité favorable, où il subit la dernière phase de laquelle il sort le mollusque vermiculaire, familier à tous les naturalistes.

Le taret cause d'incalculables dégats ; s'attaquant à toute espèce de bois il y creuse d'innombrables galeries , séparées entre elles par l'épaisseur d'une feuille de papier. A mesure qu'il avance, il garnit le tunnel d'une mince couche de nature calcaire. Plus d'un navire a péri sous le travail lent mais fatal des tarets. Je possède deux morceaux de bois complétement perforés par ces mollusques et faisant partie d'une jetée d'où dépendait la vie de plusieurs centaines d'êtres. Ce ne fut que par hasard que l'on s'aperçut de ce travail sous-marin et qu'on put éviter une catastrophe. Selon M. de Quatrefages, le moyen le plus sûr de se garantir contre ces ravages consiste à injecter les bois de construction de sublimé corrosif, poison métallique qui tue instantanément le taret et ses œufs.

Le taret.

Une autre espèce est remarquable à cause des lieux où on la trouve. Ce mollusque pénètre dans la coque de la noix de coco et d'autres fruits à enveloppe ligneuse, qui flottent dans la mer des tropiques. Ne pouvant, par la nature de sa retraite, avancer longtemps en ligne droite, il est obligé de faire des galeries contournées, d'où son nom de corniforme.

Le taret, malgré ses ravages, sera toujours pour tout Anglais un objet d'intérêt ; c'est dans son tunnel garni d'une substance calcaire, que l'ingénieur Brunel a puisé l'idée de l'œuvre gigantesque qu'il a construite sous la Tamise ; et quoique celui-ci n'ait jusqu'ici offert que peu d'utilité pratique comme moyen de communication entre les deux rives du fleuve, on en a largement profité pour l'établissement des premiers tunnels de chemin de fer.

La plus grande espèce de cette famille, le taret gigantesque produit une coquille de plus d'un mètre vingt-cinq centimètres de longueur et d'un diamètre de huit centimètres. Ce mollusque s'enfouit dans la vase ; il fut découvert d'une singulière façon : en 1797, la mer s'étant retirée après un violent tremblement de terre qui avait ébranlé Sumatra, on vit, sortant un peu de la vase, des objets inconnus. On les retira sans peine ; c'étaient des coquillages de taret gigantesque, d'un blanc pur à l'extérieur. Aucun d'eux n'était parfaitement droit.

VI

ARAIGNÉES.

L'atypus sulzeri. — Madame Merian et son ouvrage. — Découvertes de M. Bates. — La tarentule. Son courage et sa férocité. — La mygale maçonne. Son tube vu au microscope. Structure de la trappe. — Singulier instinct. — Une mygale d'Australie.

Il y a beaucoup d'araignées, même dans nos pays, qui se creusent un domicile dans la terre et le tapissent d'une toile. Près de ma demeure se trouve un terrain bordant un bois de sapins et composé d'un grès assez friable pour qu'il soit facile de le réduire en poudre avec les doigts. A une profondeur de deux à cinq centimètres au dessous du sol, cette pierre est entièrement creusée par les araignées qui, afin de maintenir les parois des galeries, les ont garnies d'une toile forte, élastique et très-poreuse, sans cependant que la moindre parcelle de grès puisse passer à travers. A l'entrée de chaque ouverture, est tendue une autre toile ressemblant à un épervier ayant un trou au milieu; il en part de nombreux fils s'étendant à une grande distance. L'architecte de cette soyeuse demeure s'y tient caché tout au fond en appuyant sur la toile ses pattes douées d'une grande sensibilité, de façon à sentir l'approche du moindre insecte. La nourriture de ces araignées se compose principalement de moucherons et de petits coléoptères.

Un des meilleurs spécimens d'araignées se terrant de notre pays est l'espèce appelée *atypus sulzeri*, tellement rare qu'elle n'a même pas de nom en français. Cette araignée n'a que douze millimètres de longueur ; elle est construite de telle façon qu'avec un plus grand volume elle deviendrait un animal formidable. Les mandibules sont longues, pointues, et tellement larges à leur base que l'araignée ne saurait voir devant elle sans la très-remarquable conformation de sa structure.

Toutes ces araignées possèdent un céphalothorax, c'est-à-dire que la tête et le thorax sont confondus en un seul tronçon. Les yeux des arachnoïdes se trouvent ordinairement sur cette partie du corps, mais dans l'espèce qui nous occupe, ils sont placés, à cause du grand développement des mandibules, au sommet d'une éminence qui se trouve au dessus du céphalothorax, et que les naturalistes anglais appellent *vigie*. Cette araignée habite des terrains un peu humides ; elle tapisse sa demeure d'un tube soyeux, blanc comme la neige, qui s'élargit à sa partie inférieure et se projete hors du trou pour en masquer l'entrée.

Il y a près de cent cinquante ans que Sibilla Me-

rian publia son célèbre ouvrage sur les insectes de
Surinam. Le récit qu'elle fit des araignées gigantesques attrapant les oiseaux-mouches et suçant leur
sang parut alors tellement extraordinaire qu'on n'y
ajouta pas foi, d'autant plus que l'auteur n'avait pas
été témoin du fait et n'en parlait que d'après les
dires des indigènes. Cependant le volume relatif des
deux animaux rendait l'exploit possible. L'araignée
a le corps presque aussi long que celui d'un moineau et des pattes de seize à dix-huit centimètres,
tandis que l'oiseau-mouche atteint à peine la grosseur du bourdon. La question est maintenant résolue : un auteur qui a habité pendant onze ans les
bords du fleuve des Amazones parle ainsi de ces
animaux :

« Pendant une de mes promenades, mon attention fut éveillée par les mouvements d'une araignée
monstre de l'espèce *mygale avicularia*. L'araignée
se tenait sur un tronc d'arbre, près d'une profonde crevasse à travers laquelle était tendue une
forte toile blanche rompue à sa partie inférieure
et où deux petits oiseaux se trouvaient engagés. Ils
avaient le volume de nos tarens, l'un d'eux ne vivait plus, l'autre, couché sous l'araignée, n'était pas
tout à fait mort ; le monstre l'avait enduit d'une
bave gluante. Je chassai la mygale et m'emparai
des oiseaux dont le survivant ne tarda pas à ex-
pirer. »

Je possède un échantillon de cette espèce. A voir
les terribles crochets et la force énorme des pattes,
je comprends que cette araignée vienne aisément à

bout d'un petit oiseau. Les indigènes ne semblent pas éprouver pour ces affreuses bêtes la répulsion qu'elles inspirent aux Européens. L'auteur que nous citons vit, une fois, un groupe d'enfants s'amuser avec une mygale gigantesque ; ils lui avaient atta-ché un fil autour du corps et la conduisaient comme si c'eut été un chien.

Toutes les tarentules s'enfouissent plus ou moins, et pour empêcher la terre de tomber, elles garnis-sent leur demeure d'un tube soyeux.Quelques unes vont à la chasse, tandis que d'autres guettent les insectes à l'entrée de leur trou. Elles se retirent au fond de leur repaire pour dévorer leur proie. C'est là qu'elles couvent les petits ; dès qu'ils peuvent se dégager de l'œuf, ils grimpent sur le dos de la mère et s'y attachent en grappes épaisses. La tarentule sibérienne réside également sous terre. Les paysans craignent beaucoup sa morsure ; toutefois elle ne paraît pas être venimeuse, car les moutons avalent la tarentule en paissant. Cette araignée est d'une nature assez féroce ; si on fait pénétrer un couteau dans son trou, elle s'élance avec furie et essaie de mordre la lame.

Aucune araignée parmi celles qui se terrent, ne montre dans la construction de son domicile autant d'habileté ingénieuse que la mygale maçonne de la Jamaïque. J'ai sous les yeux des spécimens de l'arai-gnée et de son tube qu'il est impossible de regarder sans la plus vive admiration. Le premier qui ta-pisse la demeure de la mygale, se trouve double. L'enveloppe extérieure paraît très-épaisse et froissée

de façon à ressembler à de l'écorce. Après l'avoir en-
levée, ce qui est très-facile, vu sa faible adhérence,
on rencontre une deuxième couche d'une nature
toute différente. Très-unie en apparence, très-
soyeuse au toucher, elle ne montre sa vraie nature
que lorsqu'on l'examine au microscope. La surface
ressemble alors à du feutre grossier ; elle est cou-

Terrier de la mygale maçonne.

verte de petites proéminences formées par des fils
entrelacés sans ordre et qui sont très-forts, comparés à la toile des araignées communes, et semblent
enduits de gomme.

Une porte ou trappe défend l'entrée des tubes ;
elle est faite de la même matière que ce dernier et

s'adapte complétement, par sa forme circulaire, à l'orifice. Elle se trouve attachée au tube par une charnière assez large pour retomber d'aplomb quand elle a été soulevée. A l'intérieur, elle présente le même aspect que le tube, mais une légère couche de terre la couvre à l'extérieur et cache toute trace de la mygale et de sa demeure.

Un des tubes du Musée Britannique prouve que l'araignée s'était établie dans un terrain cultivé. A huit centimètres environ de l'orifice se trouve un bord assez épais et pendant, dont l'utilité ne se comprend pas à première vue ; une minutieuse inspection prouve que c'était autrefois une porte ou trappe, que la mygale avait allongé son tube et adapté à la nouvelle entrée une seconde porte. Elle vivait sans doute dans un jardin ; peut-être avait-on jeté quelques pelletées de terre sur sa demeure, afin de ne pas rester prisonnière, il lui avait fallu prolonger le tube et le clore par une nouvelle trappe.

Cette araignée est d'un aspect assez bizarre ; elle a des pattes un peu courbées mais très-fortes, ainsi qu'une formidable paire de pinces, qu'une série de barbes aigües garnit à leur base. L'abdomen est très-large, rond et ferme; à sa pointe se trouvent les mamelons d'où sortent les fils. La mygale maçonne sort la nuit à la recherche de sa nourriture qui se compose d'insectes. On trouve souvent au fond de son repaire, les débris de ses repas et parmi ces débris les restes de coléoptères assez grands. Lorsqu'elle est chez elle et qu'on soulève doucement la trappe elle s'élance vers l'entrée, fixe ses pattes de derrière

dans la soie qui garnit la surface intérieure de la
trappe et se cramponnant de ses pattes de devant
aux parois du tube, elle résiste de toutes ses forces.
La violence seule peut la chasser de sa demeure
qu'elle défend avec courage. Elle laisse enlever la
terre avec le tube sans faire mine de s'enfuir ; c'est
ainsi que l'on a obtenu des spécimens et pu étudier
les mœurs de la mygale.

Le tube le plus remarquable du Musée Britannique
est l'œuvre d'une mygale d'Australie et fut trouvé à
Adélaïde. On n'a conservé que la partie supérieure
avec la trappe. Le travail en est merveilleux; on le
dirait fait au tour, tant les contours sont justes et
réguliers. La trappe est demi-circulaire parce que
la charnière couvre la moitié de l'orifice. La trappe
présente deux particularités dignes de remarque : le
bord, ainsi que celui de l'ouverture est taillé en bi-
seau à l'intérieur, de façon à assurer une fermeture
complète ; puis la surface extérieure et le sol envi
ronnant sont couverts de petites saillies, qui ne permettent pas d'apercevoir la moindre trace de la
porte, comparativement mince vers la charnière ;
elle devient beaucoup plus épaisse vers le bord et
garantit ainsi la fermeture du tube, dont elle est,
comme chez toutes les mygales, une simple conti-
nuation.

VII

LES HYMÉNOPTÈRES

La fourmi saüba et sa demeure. — La fourmi noire. Sa force
et sa persévérance. — La fourmi brune. Forme de son habitation. Construction du plafond. — Les andrènes. — L'eucère.
— La scolie. — Le bourdon. Ses mœurs. Développement des
petits. — L'abeille lapidaire. — La guêpe et son nid. — Biogra-
phie d'une reine des guêpes.

On ne rencontre la fourmi appelée Saüba que
dans l'Amérique tropicale où elle vit en telles
quantités que les habitants sont souvent obligés
de lui abandonner des champs entiers. On les
voit s'avancer par colonnes serrées, chacune d'elles
tenant entre ses mâchoires un fragment de feuille
circulaire, grand comme une pièce de cinquante
centimes. De là lui vient la dénomination de
fourmi parasol, sous laquelle elle est aussi connue, car beaucoup de personnes croyaient qu'elle
s'abritait ainsi contre l'ardeur du soleil, mais tel
n'est pas l'usage de la feuille, comme on le verra
dans la suite. On compte parmi elles trois classes

bien distinctes, savoir : les fourmis ailées, les grosses-têtes, et les ouvrières. La deuxième classe se subdivise en fourmis qui ont la tête couverte d'une substance cornée et translucide et en fourmis dont la tête est garnie de poils. Les fonctions des grosses-têtes ne paraissent pas bien évidentes car tout le travail s'accomplit par les ouvrières. Celles-ci s'attaquent aux arbres, surtout aux espèces cultivées, telles que l'oranger, le caféier, et en coupent les feuilles avec tant de rapidité que l'arbre, s'il ne meurt pas, s'arrête dans son développement. Les feuilles servent à couvrir les dômes de leurs étranges demeures et à empêcher la terre de se détacher. Quelques uns de ces dômes sont hauts de 60 centimètres. et ont un mètre 25 centimètres de diamètre. Les œuvres les plus gigantesques de l'homme paraissent insignifiantes à côté de ces constructions, si l'on considère le mince volume de leurs auteurs. Les saübas connaissent parfaitement la division du travail ; les ouvrières qui coupent les feuilles ne les arrangent pas ; elles les jettent à terre et d'autres fourmis les enlèvent. Dès que ces dernières les ont mises en place, elles les couvrent de globules de terre qui les font entièrement disparaître.

On se fera une idée de l'étendue des galeries souterraines construites par cette espèce, en songeant que de la fumée de soufre ayant été soufflée dans un nid, on la vit sortir d'un orifice à la distance de soixante mètres ; une autre fois les saübas ont fait écrouler les digues d'un vaste réservoir.

La classe ailée se compose de mâles et de femelles.
Ceux-çi abandonnent le nid dans les mois de janvier et de février et émigrent en innombrables
quantités. Douze heures après leur départ, il en
reste à peine quelques-unes, le nid ayant été dévoré
par des oiseaux et des insectes. Les survivants
fondent d'autres colonies, et telle est leur fécondité, qu'en dépit des ravages causés parmi la classe
ailée, qui seule concourt à la reproduction, l'homme
est souvent obligé de se retirer devant ces fourmis,
sans pouvoir leur opposer des moyens de défense
efficaces.

La plupart des fourmis de notre pays se creusent
des demeures souterraines d'une grande étendue
et sur un plan assez compliqué. La fourmi noire
préfère un terrain exposé au midi. Elle sait non-
seulement creuser, mais aussi construire étage
sur étage. Voici comment elle s'y prend : après
avoir fait une première excavation, elle en garnit
le toit d'une couche d'argile humectée, sur laquelle
elle élève un étage et ainsi de suite. La sécheresse
retarde le travail des fourmis par la difficulté
qu'elles éprouvent alors à pétrir l'argile.

Elles possèdent une force musculaire et une énergie vraiment étonnantes. L'homme qui aurait, au
moyen d'outils, accompli dans une journée le travail fourni par une seule fourmi, passerait pour un
être merveilleux. Huber a eu la patience et le bon
sens d'observer une fourmi noire, pendant tout
une journée de pluie Elle commença par creuser
un sillon de six millimètres de profondeur, pé-

trissant la terre en petites boules qu'elle plaçait près les unes des autres de façon à former une espèce de mur. Le sillon était complétement uni à l'intérieur et ressemblait à une tranchée de chemin de fer. L'ayant élevé, la fourmi regarda autour d'elle. Il fallait évidemment faire une seconde entrée au nid. Se remettant à l'œuvre, elle creusa une seconde tranchée parallèle à la première, dont elle était séparée par un remblai haut de 4 millimètres. Rendons-nous compte de la différence de volume qui existe entre l'homme et la fourmi. Pour faire un pareil travail dans une seule journée, l'homme aurait dû creuser deux tranchées parallèles ayant chacune plus de vingt-quatre mètres de long et quatre mètres de profondeur; de chaque côté, il lui eût fallu élever un mur en briques haut d'un mètre et d'une épaisseur de 40 centimètres: bien entendu que les briques devaient d'abord être faites. Le travail achevé, il restait encore à corriger les imperfections, afin que les tranchées fussent droites, unies et du même niveau ; le tout sans aide aucune. Il faut encore supposer le terrain rempli d'obstacles, tels que grosses pierres, racines d'arbres etc., etc.

Les plus beaux spécimens d'architecture souterraine sont fournis par une espèce peu connue dans notre pays et qu'on ne trouve que dans certaines localités, la fourmi brune dont M. Huber a étudié soigneusement la demeure.

Cette fourmi travaille surtout la nuit et pendant une pluie fine, les rayons du soleil et les fortes averses lui étant fort nuisibles. Le nid est d'une construction excessivement compliquée. Il se compose d'une série d'étages au nombre de trente à quarante et bâtis en pente. Ils forment des chambres et des galeries de dimensions irrégulières, admirablement unies à l'intérieur et hautes de cinq millimètres. L'épaisseur des murs est d'environ un millimètre. La nécessité de régler la chaleur et l'humidité de l'habitation exige un pareil nombre d'étages. Quand, par exemple, le soleil ne chauffe que faiblement, l'instinct avertit les fourmis que les larves, subissant leur métamorphose, ont besoin d'une plus forte chaleur ; à cet effet, elles les portent dans les chambres supérieures. Elles s'y réfugient aussi en cas d'inondation. Si, au contraire, le soleil est trop fort, elles établissent leurs nourrissons dans les pièces du centre et se retirent elles-mêmes dans les cryptes. C'est là qu'elles trouvent aussi l'humidité nécessaire pour leurs travaux ordinaires.

Les fourmis noires, que M. Huber, en vue de les étudier, gardait chez lui, en leur fournissant la terre et le sable dont elles avaient besoin, se mettaient au travail, dès qu'au moyen d'une brosse, il faisait descendre sur le sol une pluie fine. Elles formaient de petites boules de terre et avant de les employer, elles les essayaient au moyen de leurs antennes. Tandis que les unes s'occupaient à faire ce que j'appellerai des briques, les autres pratiquaient des petits creux dont les bords devaient servir de fondation aux murs. En effet, elles y appliquaient les briques en les ajustant avec leurs mandibules et sous la pression des pattes de devant. La partie la plus difficile, la construction du plafond, ne les embarrassait pas ; elles plaçaient avec soin des boules de terre dans chacun des angles de la chambre, ajoutant une nouvelle rangée dès que la dernière était séchée, et quoiqu'il y eût plusieurs centres de dépôt, toutes les parties coïncidaient entre elles avec la plus extrême régularité. La manipulation particulière des boules leur donnait une grande force d'adhérence.

Les murs, une fois achevés, acquièrent une solidité parfaite sous l'influence du soleil et de la pluie. Il est à remarquer que les fourmis utilisent toutes les circonstances fortuites dans la construction de leurs demeures. On en a vu une mettre à profit quelques brins de paille entrecroisés qu'elle avait rencontrés et en faire des poutres. Elle déposa d'abord des boules de terre dans les angles ; puis en plaça des rangées à côté de chaque brin. Le plafond s'éleva rapidement à l'aide des mâchoires et des pattes de la fourmi et devint nécessairement, à cause de l'emploi des poutres, plus solide que les constructions habituelles.

La fourmi rouge, si abondante dans nos jardins, bâtit aussi sous terre, mais dans un style moins compliqué que celui de la fourmi noire. Elle s'établit le plus ordinairement sous des pierres et est d'une nature très sociable. J'en ai vu occuper un côté d'un monticule, dont le côté opposé était habité par une autre espèce, *myrmica scabrinolis*. Cette dernière est quelquefois très-abondante, et il est digne de remarque, qu'on ne peut trouver plusieurs de nos coléoptères les plus rares que dans les fourmilières.

Les andrènes, malgré leur faible volume, creusent des galeries avec la plus grande facilité. J'en ai un jour rencontré une colonie sur un sentier dur et pierreux des environs de Dieppe. Elles entraient et sortaient par d'innombrables trous, le corps tout jaune du pollen qu'elles venaient d'enlever et qu'elles mettaient en magasin. Le sol avait acquis sous l'influence du soleil et d'un frottement continuel, la dureté de la brique, et il fallut me servir d'un couteau très-fort pour mettre à découvert plusieurs galeries. Elles pénétraient à une profondeur de vingt centimètres, s'infléchissant brusquement vers l'extrémité et se terminant en cellule arrondie. Dans cette dernière se trouvait presque toujours une petite boule de pollen, grosse comme un pois. Chez les andrènes qui diffèrent des abeilles par la trompe et la forme du corps, le travail est fait par les femelles, le mâle ne pouvant, par suite de la conformation de ses pattes, ni creuser le sol ni transporter le pollen.

Un des membres les plus intéressants de cette famille est l'eucère à longues antennes L'eucère creuse assez profondément sous la terre. Sa demeure se termine en cellule ovale dont l'insecte a battu et pressé les parois jusqu'à ce qu'elles aient acquis une grande dureté. Sans cette précaution, le sol absorberait les provisions de l'insecte, qui consistent en un mélange à moitié liquide de miel et de pollen. Le mâle se distingue par une échancrure au premier joint des pattes de devant et voici l'usage de celle-ci : l'insecte, à l'état de nymphe, se trouve enveloppé d'une membrane très-mince, une autre couvre les antennes qu'il a fort longues, et qu'il ne saurait dégager sans cette échancrure. Dès qu'il se sent en partie libre, il baisse la tête et place successivement chaque antenne dans l'échancrure, puis pliant le joint il la retire et la dépouille aisément de sa pellicule.

La scolie, autre espèce d'abeilles se terrant, est carnivore, comme toutes les espèces ; à l'état de larve, elle aime particulièrement celle d'un coléoptère du genre oryctère plus grande qu'elle-même. Elle se fait remarquer par quatre grandes taches sur le dos. Une autre espèce, *ampulax compressa*, se nourrit des blattes qu'elle emporte dans sa demeure.

L'abeille terrestre commune ou bourdon s'établit ordinairement à une profondeur de quarante centimètres, toutefois on l'a déjà trouvée dans un sol meuble, à plus d'un mètre et demi. Elle avait probablement utilisé quelque terrier de mulot. L'histoire de son miel est assez curieuse.

Tous les mâles périssent à la fin de l'automne, une ou deux femelles survivent et passent l'hiver dans un état complet de torpeur ; mais au lieu de rester dans le nid, elles choisissent pour retraite un toit de chaume, un creux d'arbre, une meule de foin où chacune d'elles se cache. Elles sortent de leur sommeil aux premiers rayons de soleil du printemps et se mettent immédiatement à la recherche d'un lieu convenable pour y établir leur nouvelle demeure. On les voit voler dans toutes les directions, se posant ici et là comme pour examiner la qualité du sol. Si, à ce moment, elles se voient observées, elles s'enfuient rapidement et elles ne creusent pas un pouce de terre, tant qu'elles se croient menacées du moindre danger.

L'abeille terrestre qui a trouvé un lieu à sa convenance se met à l'œuvre, et, parvenue à une certaine profondeur, se creuse une petite cellule pour y construire son premier nid. Les cellules sont rares au commencement de l'année ; elles contiennent les premières ouvrières, destinées à agrandir le nid. Les larves sont blanches et grasses, à petite tête cornée avec le corps légèrement courbé. Chacune se file une coque d'une soie grossière où elle reste enfermée jusqu'à son entier développement. Elle en sort en faisant un trou rond à l'une des extrémités. Pendant les premiers jours, les abeilles ne s'aventurent pas à l'air, leurs membres n'étant pas en état de les porter. Parmi ces premières naissances, il n'y a que des ouvrières ; les mâles et les femelles paraissent seulement vers l'été.

Les cellules de l'abeille bourdon ne sont pas rangées symétriquement ; elles forment des groupes irréguliers de toutes dimensions. Il y a, selon ma propre expérience, peu de danger à s'emparer d'un nid. D'autres personnes professent une opinion tout à fait contraire ; pour ma part, je n'ai jamais reçu de piqûres en y introduisant ma main. Le miel

de l'abeille bourdon est remarquablement doux et
aromatique, cependant on éprouve quelquefois une
forte migraine rien que pour avoir mangé le con-
tenu d'une seule cellule.

Le bourdon lapidaire est ainsi nommé parce
qu'il fait son nid dans des tas de pierres. On le

Le bourdon lapidaire.

reconnaît à une brillante teinte d'un rouge orangé
qui décore les dernières parties de l'abdomen.
La femelle et l'ouvrière ne diffèrent que par la
taille ; la première a presque trois centimètres de
la tête à l'extrémité de la queue ; la seconde est
moitié plus petite. J'ai toujours trouvé cette espèce
plus méchante que celle de l'abeille terrestre. Elle

est armée d'un formidable aiguillon au moyen duquel elle fait des piqûres très-douloureuses. Le mâle varie de couleur ; il est ordinairement noir avec de gros poils jaunâtres sur la face, le devant du thorax et la première partie de l'abdomen.

Il est un bel insecte que son amour du miel et des beaux fruits mûrs fait également pourchasser par les agriculteurs et les jardiniers. C'est la guêpe. Elle se rend redoutable par un puissant aiguillon et, pour se procurer des aliments, emploie souvent de singuliers moyens. J'ai vu, dans la porcherie de Walton-Hall, les porcs étendus au soleil et couverts de mouches au point d'être tout noirs par endroits ; les guêpes passant par dessus le mur s'élançaient sur les mouches et les enlevaient avec leurs pattes. Chaque guêpe en prenait cinq ou six par minute. Le guêpier se trouve ordinairement sous la terre ; c'est une merveille d'industrie ingénieuse. De forme plus ou moins globulaire, il se compose de matériaux ressemblant à du fort papier brun, des rangées de cellules hexagonales y sont disposées par étages dans un ordre parfait ; une enveloppe, faite d'une espèce de papier épaisse de douze millimètres, protège chaque alvéole contre les éboulements.

Imaginons un instant que nous assistons, spectateurs invisibles, à la construction de l'édifice.

Aux premiers jours du printemps une guêpe sort de sa retraite d'hiver et commence à examiner les alentours. Elle ne vole ni haut ni bas, scrute attentivement le terrain et visite chaque crevasse sur son chemin. A la fin, elle trouve un ancien terrier de mulot ou la demeure abandonnée de quelque grand coléoptère ; elle y entre, l'examine, puis en ressort pour y retourner de nouveau. En bonne ménagère, elle réfléchit mûrement avant d'arrêter son logis. Quand enfin elle a trouvé une localité à sa convenance, elle commence par former une chambre à quelque profondeur de la surface et porte les déblais au dehors. Cette besogne terminée, elle cherche un espalier, une clôture de bois plus ou moins vermoulue, dont elle détache les fibres avec ses dents, puis elle les écharpe, les coupe et les pétrit en une masse pulpeuse qu'elle rapporte dans sa demeure. Se cramponnant au plafond avec ses deux dernières paires de pattes, elle y fixe à l'aide de celles de devant et de ses mandibules la masse ligneuse et lui donne la forme d'un petit pilier. Quand ce dernier, qui pend du plafond semblable à une stalactite de papier mâché, se trouve terminé, la guêpe forme au bout du pilier trois cellules très-peu profondes et rondes, au lieu d'être hexagonales comme les cellules complétement achevées. Après avoir déposé un œuf dans chacune, elle les couvre d'un toit de la même matière que le pilier. D'autres cellules s'ajoutent ; la guêpe y pond et prolonge le toit.

Les trois premiers œufs ont donné naissance à de très-petites larves dont la voracité réclame beaucoup de soins. A mesure qu'elles grandissent, la mère augmente les murs des cellules de façon que les jeunes larves soient suspendues la tête en bas, comme cela a lieu chez beaucoup d'hyménoptères.

La mère continue son travail ; elle est seule pour
construire le nid, transporter les matériaux, pondre
les œufs et nourrir les larves. Ces dernières ces-
sentbientôt de manger et se filent une coque soyeuse,
qu'elles déchirent après un certain temps pour en
sortir guêpes parfaites. Dès que les forces leur sont

Un nid de guêpes.

venues, elles se chargent de la besogne la plus
difficile ; à partir de ce moment la mère n'a plus
qu'à déposer ses œufs dans les cellules.

Le premier étage se trouve bientôt complétement
occupé et la place manque. Prenant alors pour fon-
dement le point de jonction des cellules, les guêpes
y construisent plusieurs piliers pendants semblables

au premier et ajoutent de nouvelles cellules. Une seconde terrasse se forme ainsi sous la première ; il y a entre elles l'espace nécessaire au passage des guêpes. On construit de cette manière jusqu'à cinq terrasses à cellules tellement petites que la mère n'y peut passer la tête. C'est là, que naîtront les ouvrières dont toute la vie est vouée au travail. Ce sont des guêpes non développées et qui sont d'un volume beaucoup moindre que celui de la mère. Les cellules des quelques terrasses qui succèdent aux cinq premières se distinguent par des dimensions beaucoup plus grandes ; elles contiennent les larves d'où sortiront les mâles et les femelles parfaites. Ceux-ci ne naissent que vers la fin de la saison, tandis que les ouvrières éclosent beaucoup plus tôt. Un grand nid se compose de sept à huit mille cellules, dont chacune donne naissance, en moyenne, à trois générations. Les jeunes larves ne se nourrissant que de substances animales, surtout de mouches, on comprendra aisément les ravages causés par les guêpes dans le monde des insectes.

A la fin de la saison, lorsque plusieurs essaims d'ouvrières ont passé par les cellules et que les mâles et les femelles ont atteint leur entier développement des symptômes de dissolution commencent à se manifester parmi eux. S'il reste encore des larves, les ouvrières changent tout à fait de conduite. Au lieu de leur prodiguer des soins excessifs et de les protéger même aux dépens de leur propre vie, elles arrachent de leurs berceaux ces petits êtres tout blancs et les portent hors du nid.

Ce procédé est moins cruel qu'il ne le paraît tout d'abord : les larves ainsi abandonnées ne tardent pas à être dévorées par les oiseaux et les insectes, tandis que si elles restaient au nid, elles mourraient lentement de faim. L'instinct des ouvrières les avertit que leur fin approche et que bientôt il n'en restera plus une seule pour soigner les nourrissons.

Enfin toute la population quitte le guêpier, les ouvrières meurent ainsi que tous les mâles qui ne survivent que peu d'heures aux joies de l'hyménée. La plus grande partie des femelles périt également les unes de faim, les autres de mort violente. Les quelques survivantes assez heureuses pour trouver une cachette s'y endorment pour les longs mois de l'hiver et en sortent au printemps, reines et mères des colonies à venir. Il est à remarquer que la guêpe ne passe jamais l'hiver dans son nid, si bien organisé que paraisse ce refuge.

Contrairement au préjugé populaire, la guêpe ne se sert pas de son dard pour le seul plaisir d'infliger une blessure; elle ne l'emploie que comme moyen de défense et quand on l'effraie. Souvent même, elle ne survit pas à la piqûre, la pointe de l'aiguillon restant dans la plaie; d'autres fois, en se retirant avec trop de précipitation, elle s'arrache jusqu'à la glande qui sécrète le venin.

Le lecteur sera peut-être étonné d'apprendre qu'on peut garder des guêpes comme des mouches à miel et qu'à l'exemple de ces dernières, elles ne font pas de mal aux personnes qu'elles connaissent.

Elles ont le nerf olfactif beaucoup moins sensible que les abeilles qui se jetteront sur tout passant qui vient de fumer ou de se servir d'un parfum quelconque.

VIII

COLÉOPTÈRES

La cicindèle des champs se fait remarquer par sa beauté parmi les coléoptères de notre pays et ne craint pas, malgré sa petitesse, la comparaison avec les brillants spécimens des tropiques. Elle vole, elle court avec tant de vitesse qu'on ne peut pas bien distinguer sa forme ; à la voir glisser dans l'air, étincelante sous les rayons du soleil, on dirait un joyau vivant ! A l'état de larve elle se creuse une demeure perpendiculaire, profonde de trente centimètres et d'un diamètre qui lui permet tout juste de monter et de descendre.

7

Même à cet état de développement incomplet, elle manifeste l'ardente activité qui l'anime plus tard comme cicindèle. Les larves sont blanches et d'une forme singulière ; la tête est très-grosse et d'une consistance de corne ; le huitième anneau de l'abdomen se développe en une protubérance garnie de deux crochets. La larve ne montre jamais que la tête et les mandibules au dessus du sol. Voici comment elle se nourrit : remontant jusqu'à l'ouverture de son trou, elle fixe ses deux crochets et pose ses mandibules à fleur de terre et en saisit tout insecte qui passe ; dès qu'elle s'est emparée d'une proie, la larve redescend dans son repaire et l'y dévore. Elle montre autant de colère que de voracité. Si l'on introduit un brin de paille dans son trou, elle le saisit comme ferait un boule-dogue, et, plutôt que de lâcher prise, se laisse enlever de sa demeure. Cette dernière est l'œuvre de la larve et exige un peu de temps, car la terre en est détachée au moyen des pattes et des mandibules puis portée au dehors sur la tête. Les cicindèles recherchent un terrain sec et sablonneux, que le soleil a presque brûlé, et se posent rarement sur les arbres.

D'autres coléoptères creusent des trous profonds pour y déposer les œufs qui doivent éclore à la saison suivante. Notre pays en possède beaucoup d'espèces, mais le nombre en est infiniment plus grand dans les zônes plus chaudes.

Citons d'abord les nécrophores ou enterreurs, dont il existe plusieurs espèces ne différant que fort peu entre elles. Quiconque **veut les** voir à l'œuvre n'a qu'à placer sur un terrain très-meuble le corps d'une souris, d'un oiseau ou un morceau de viande. Les nécrophores viendront la nuit, portés sur leurs larges ailes, et se mettront en besogne. Le lendemain on retrouvera le corps enfoncé de moitié, comme si la terre avait cédé. En l'enlevant on aper-

Nécrophores enterrant un pinson.

cevra la cause de cette disparition partielle sous la forme d'un ou de deux nécrophores tantôt noirs, tantôt barrés d'orangé.

Ces coléoptères se reposent généralement pendant le jour et ne commencent à travailler que le soir. Ne possédant pas les moyens d'enfouir un oiseau mort, ils s'y prennent d'une autre manière : ils creusent la terre sous le corps, sortent de temps en temps pour rejeter les déblais et font le tour de l'oiseau, comme pour se rendre compte du progrès de leur travail, puis ils disparaissent de nouveau. Quelquefois ils creusent trop profondément d'un côté ; montant alors sur l'oiseau comme pour le faire descendre par leur poids, ils le tirent à droite et à gauche ; à la fin, ils rentrent sous terre et continuent à creuser le trou, jusqu'à ce que l'oiseau y occupe la position voulue. Il suffit d'une journée pour enfouir une souris ou un pinson. Le travail achevé, les nécrophores pondent sur l'animal et s'envolent après l'avoir couvert de terre. Dans le récit bien connu de l'expérience de M. Gleiditsch quatre de ces coléoptères enterrèrent, dans un petit espace, quatre grenouilles, trois oiseaux, deux poissons, une taupe, deux sauterelles, les entrailles d'un poisson et deux morceaux de viande. Un seul réussit à enfouir une taupe en deux jours. Celle-ci étant au moins quarante fois plus grosse que le nécrophore, on peut juger de la force et de la persévérance de ce dernier, en calculant ce qu'il faudrait d'efforts à un homme pour enterrer dans le même laps de temps un être qui aurait quarante fois son volume.

On trouve dans notre pays une grande famille de scarabées dont le géotrupe forme le type. Examinons un de ces insectes ; admirons ses belles couleurs, son corselet brillant comme une armure d'acier poli sortant des mains de l'artiste ; cependant, il vient sans doute de fouiller profondément dans des matières fort déplaisantes. Son corps, sauf les parasites jaunes qui font entrer leur bec dans les joints de l'armure, n'en retient pas la moindre trace. Il n'exhale aucune odeur capable de dévoiler la nature de ses occupations et, sous ce rapport, il est plus heureux que d'autres coléoptères. Les nécrophores par exemple répandent une mauvaise odeur, tandis que le géotrupe n'offense ni la vue ni l'odorat.

Voyez ce bel insecte tournoyer dans l'air. Un sixième sens, inconnu à l'homme, l'avertit probablement de la présence de l'objet de ses recherches. Changeant soudain son bourdonnement monotone en fanfare triomphale, il cesse de décrire des cercles, fend l'air en ligne droite et descend sur un monceau de bouse de vache. Dès qu'il y a touché, il plonge jusqu'au sol et y fait un trou perpendiculaire, ayant vingt centimètres de profondeur et assez large pour y passer le doigt. Remontant à la surface, il prend un peu de fumier, le porte jusqu'au fond et y dépose un œuf. Il continue ce manége tant que durent ses forces. D'autres coléoptères préparent de la même façon le berceau de leur progéniture.

La simplicité du travail n'exige de la part de l'ouvrier aucune habileté. Mais d'autres scarabées se montrent dans l'accomplissement d'une tâche similaire singulièrement industrieux. Le scarabée sacré si en honneur chez les Égyptiens ressemble beaucoup au géotrupe, mais il procède d'une façon tout à fait systématique.

Dès que la sensibilité de ses organes lui a fait

trouver la substance cherchée, la femelle se met à
l'œuvre. Après avoir creusé dans la terre un trou
assez profond, elle revient à la bouse, en détache
un petit morceau sur lequel elle dépose un œuf;
puis le prenant entre les pattes de derrière, elle le
roule en boule, au soleil, ayant soin de rester près
du trou. S'il tombe de la pluie ou que la boule ait

Scarabeés sacrés roulant une boule.

été faite juste avant le coucher du soleil, elle cesse
son travail pour ne le reprendre que le lendemain.
A force de rouler la boule au soleil, elle hâte l'éclosion de l'œuf et entoure la matière molle qui contient ce dernier, d'une croûte mince, mais dure.

Après avoir suffisamment roulé la boule elle la
laisse tomber dans le trou et la couvre de terre.

L'œuf ne tarde pas à éclore ; il en sort une petite
larve blanche, qui, se trouvant au sein de l'abondance, commence à manger avec voracité. Les provisions épuisées, elle se change en nymphe et reste
sous terre jusqu'à sa dernière métamorphose en
scarabée parfait. Notre illustration représente deux
de ces insectes roulant la même boule, circonstance
que l'on remarque souvent.

Beaucoup d'orthoptères creusent aussi la terre.
Le plus connu d'entre-eux est la taupe-grillon : un
simple coup d'œil jeté sur cet insecte suffira pour
faire connaître ses mœurs, car sa structure en général, le singulier développement des membres de
devant et la conformation particulière des deux
premières pattes offrent une grande ressemblance
avec les membres correspondants de la taupe et
font conclure à des habitudes identiques.

Le grillon-taupe passe, comme la taupe, presque
toute son existence sous terre où il se creuse de
longues galeries au moyen de ses membres en
forme de bêche. Il montre la même férocité à se
battre avec ceux de son espèce, et ne manque jamais
quand la victoire lui reste, de mettre en lambeaux
son adversaire. Il est aussi vorace, et comme la
taupe cause de grands dommages aux jeunes
plantes des jardins. Quoiqu'on le trouve répandu
sur tout le globe, il est très-difficile dans le choix
du lieu où il établira sa demeure et préfère généralement un terrain léger, sablonneux et n'offrant
que peu de résistance. Comme il creuse alors à une
assez grande profondeur, on ne le prend que diffi-

cilement. La méthode la plus approuvée consiste à faire pénétrer dans le trou un long brin d'herbe ; le grillon que ce procédé met en colère, le saisit, et se laisse tirer à la surface.

Comme la taupe, il se construit une pièce bien distincte des nombreuses galeries qui rayonnent dans toutes les directions. Près de la surface, il établit une chambre réellement grande, ayant huit centimètres de diamètre et presque vingt-cinq millimètres de hauteur. Il y dépose des œufs jaunâtres au nombre de deux à trois cents. Leur proximité du sol les fait bientôt éclore sous l'influence du soleil ; il en sort de petites créatures blanches, semblables à la mère, sauf qu'elles manquent d'ailes. Elles n'atteignent leur parfait développement que dans la troisième année.

Le grillon des champs appartient également aux orthoptères qui se terrent. Il construit d'assez longs conduits où il se tient le jour. Il en sort le soir et passe des heures entières à chanter, à l'entrée de sa demeure. Il est aussi batailleur que le grillon-taupe et se prend de la même façon. En certains endroits on l'attrape, paraît-il, en laissant tomber dans son trou une fourmi attachée à un fil. En partie carnivore, le grillon la saisit avec avidité et au moyen de cet appât on l'amène hors de son repaire.

La sauterelle ronge-verrue dont la morsure détruit, selon une croyance populaire, les verrues, porte à sa queue un appendice très-remarquable. On ne le trouve que chez la femelle. Il se compose de deux lames pressées l'une contre l'autre ; la sauterelle les enfonce dans la terre, puis les écarte juste assez pour y laisser glisser ses œufs, dont elle ne dépose que dix ou douze dans la même place. Elle répète cette opération en différents endroits ; de cette manière elle ne risque pas de voir périr **toute** sa progéniture par un seul accident.

Il est impossible de concevoir une existence plus singulière que celle de l'insecte dont nous allons nous occuper ; je veux parler du fourmi-lion.

Santerelle rouge-verrue pondant ses œufs.

A l'état parfait, il n'offre rien de très-remarquable, sauf peut-être l'élégance de ses formes et la beauté de ses grandes ailes qui le font ressembler à une libellule ; mais comme larve c'est un être vraiment merveilleux.

Bien qu'il ne se nourrisse que des insectes les plus vifs il ne peut pas leur donner la chasse et mourrait de faim s'il n'était doué de quelque autre qualité qui remplace la vitesse de ses mouvements. L'observateur se demande, à l'aspect seul de la larve, comment elle peut se nourrir. Courte, grosse, charnue, le corps porté sur six pattes très-faibles, dont les deux dernières contribuent seules à la locomotion, elle est condamnée à se traîner lentement et à reculons. De la tête, se projettent deux mandibules longues et recourbées, premier indice annonçant que la larve peut être redoutable. En effet, malgré une impuissance apparente, elle fait une rude guerre aux insectes, et s'empare même des plus vigoureux. Choisissant un terrain sablonneux et sans pierres s'il est possible, elle y dresse le piége qui l'a rendue célèbre. Elle déprime l'extrémité de l'abdomen et marchant lentement à reculons, elle trace un léger fossé circulaire, de trois à huit centimètres de diamètre. A force de répéter ce procédé, et ayant soin de tracer des cercles de plus en plus petits, elle se creuse un entonnoir au fond duquel elle se cache dans le sable, les mandibules largement étendues.

Si une fourmi vient à passer près du piége, il est certain que, en partie par curiosité, en partie dans l'espoir d'y trouver de la nourriture, elle jettera un coup d'œil dans l'excavation. Dès qu'elle s'est approchée du bord, le terrain cède, les parois s'éboulent et l'infortuné insecte dégringole jusqu'au fond où l'attendent deux formidables mâchoires. La larve la tue d'un seul coup, en extrait tout le suc et rejette la carcasse hors de son trou ; puis elle guette une autre proie. Quelquefois, quand cette proie se trouve être un coléoptère d'un volume plus fort, tel qu'un scarabée ou une araignée vagabonde, la victoire s'obtient moins facilement. Loin de se rendre à merci, la victime essaie de remonter les parois, et sous ses efforts furieux fait tomber le sable et menace de combler l'entonnoir. La fourmi-lion, de son côté, travaille à rejeter au dehors le sable et à rétablir la pente raide du piége. Dans ce cas l'insecte se trouve quelquefois enseveli sous le sable et devient alors aisément la proie de la larve ; d'autres fois, à bout de forces, il se rend ; rarement il parvient à s'échapper. Un pareil combat détruit en partie l'entonnoir ; au lieu de le réparer, le fourmi-lion va dresser ailleurs un autre piége. Plusieurs auteurs ont prétendu que la larve, en rejetant le sable, essayait de le faire tomber sur sa victime ; il n'en est rien, elle ne travaille que pour empêcher la fosse de se combler.

Lorsqu'arrive la fin de son état de larve, le fourmi-lion se file une coque soyeuse de forme globulaire et y reste jusqu'à son parfait développement. Au moment voulu la nymphe fait un trou par lequel elle projette à moitié son corps ; le tégument se déchire et l'insecte parfait paraît au jour. A peine a-t-il respiré une ou deux fois que l'abdomen s'étend à une longueur triple, les antennes se déroulent, et déployant ses belles ailes le fourmi-lion prend son vol. Il ressemble alors à une libellule, à la famille de laquelle il appartient.

IX

INSECTES PERCEURS DE BOIS

Le scolyte et ses ravages. Manière de creuser les galeries.
Instinct remarquable. — Les meubles vermoulus. — Les perceurs de gingembre et de liège. — L'homme pétrifié. — Le
ténébrion. — La calandre du palmier. — Le capricorne mus·
qué Sa beauté. Son parfum. Difficulté de l'apercevoir. — Le
rhagium et sa coque — L'arlequiu doré. — L'andrène coupeuse.
Manière de construire les cellules. — L'andrène tapissière.
— Le sirex. Son apparence formidable. — L'andrène charpentière. — Le bombyx cossus. — Les sésies. — Les alucites. —
La teigne de la cire.

Les coléoptères s'enfouissent généralement à l'é-
tat de larve ; cependant plusieurs, parmi eux, savent à l'état parfait creuser le bois et d'autres matières. Tous les coléoptères perceurs sont formés de
façon à ce qu'un entomologiste les reconnaisse sans
peine. Plus est dure la substance à percer, plus
leur corps est cylindrique. Quelques coléoptères,
il est vrai, tels que les géotrupes et d'autres creusant la terre, s'éloignent de cette forme, mais elle

est très évidente chez les scolytes, les ptilins et d'autres perceurs de bois.

Le scolyte se fait surtout remarquer par les ravages qu'il cause dans le bois. En examinant l'écorce de certains arbres, surtout de l'orme, on la voit souvent percée de trous ronds, pareils à

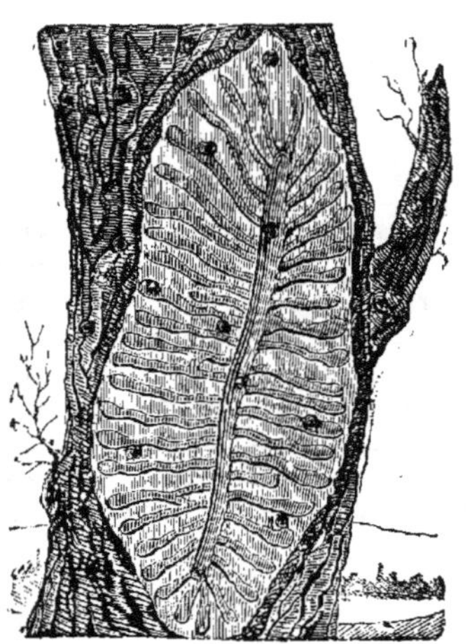

Les travaux du sco'yte.

ceux qui se rencontrent dans les vieux meubles, mais d'un diamètre plus fort. On découvre en coupant l'écorce un singulier système de galeries ; celles-ci, malgré des différences de direction et de grandeur, s'accordent toutes sur deux points : 1° elles partent d'une seule galerie cylin-

drique à un angle presque droit ; 2° très-petites à
leur base, elles vont graduellement en s'élargissant.
En voici la cause :

L'insecte mère pénètre dans l'écorce à la recherche de sa nourriture et s'enfonce dans le bois
qu'elle perce quelquefois, mais le plus ordinairement elle pratique entre ce dernier et l'écorce un
conduit cylindrique et y dépose ses œufs, puis elle
se retire près de l'entrée et meurt, son corps formant le bouchon. De ces œufs sortent, après un
certain temps, d'innombrables larves blanches, très-
petites et qui commencent à manger le bois, leur unique nourriture pendant toutes les phases de leur existence. Guidée par un merveilleux instinct, chaque
larve se place à angle droit tout le long du cylindre
où elle est éclose et se fraye un chemin en man-
geant. A mesure qu'elles acquièrent du volume les
galeries s'élargissent également, mais par suite
de leur point de départ ne peuvent jamais se rencontrer ; chaque larve est ainsi assurée de trouver
une nourriture suffisante. Lorsqu'un grand nombre
de ces coléoptères s'attaquent à un arbre, ils séparent graduellement l'écorce du bois, sa nutrition
ne se fait plus et l'arbre meurt nécessairement.

L'aspect vermoulu des meubles provient de coléoptères d'une autre famille. Ce sont des insectes
très-petits, comme l'indique le trou qu'ils percent,
et de forme presque cylindrique. Ils causent de
grands ravages dans les meubles anciens : on cite
l'exemple d'une espèce commune, les ptilins pecti-
nicornes qui, dans l'espace de trois ans, détruisirent

complétement une colonne de lit tout neuf. Le seul moyen d'arrêter leurs ravages est d'injecter dans les trous du sublimé corrosif et d'en étendre sur les meubles. La vrillette, connue aussi sous le nom de l'Horloge de la Mort, appartient à cette espèce. D'autres coléoptères de la même famille se logent dans le gingembre des droguistes en gros, le percent de trous et en rendraient la vente impossible, si l'on n'avait soin de le moudre, insectes et larves compris. Le public l'achète alors comme gingembre en poudre, sans se douter de sa composition. Les petits insectes qui percent le liége appartiennent au genre des mycétophages. Ils mangeront le bois pourri, les champignons, mais préfèrent le liége et causent souvent de grands dégats dans les caves.

Le lecteur a peut-être entendu parler de l'*homme pétrifié*, apporté d'Australie et qu'on montrait à Londres en 1862. C'était simplement un corps complétement desséché, tel qu'on en voit dans les musées ; des trous très-reconnaissables de ptilins ne permettaient pas le moindre doute à cet égard. On voit souvent dans l'écorce du chêne, de petites ouvertures cylindriques d'où dardent des coléoptères à corps allongés, aux antennes frangées ; ils sont du genre mélasis.

Le ver de farine commun, peut être classé parmi les perceurs de bois, car il se loge dans le biscuit le plus dur, comme le savent tous les gens de mer. Un marin d'expérience, avant de mordre dans un biscuit, le frappe sur la table pour en faire

sortir les vers. C'est la larve du ténébrion, insecte à
corps allongé et à petite tête; les antennes sont un
peu courtes, mais les élytres sont très-longues. Cette
larve est recherchée par les amateurs d'oiseaux; le
rossignol surtout s'en montre très-friand. L'insecte
à l'état parfait, ronge aussi le biscuit de mer et fai
preuve d'autant de voracité que la larve.

Les membres de la famille des calandres se distinguent par leurs diverses grandeurs; le charançon
commun par exemple a, tout au plus, trois millimètres, tandis que la calandre du palmier atteint environ cinq centimètres. Cet insecte commet de
grands dégats dans les cannes à sucre et les palmiers; sa larve s'établit au centre de la plante et
en dévore la substance; enfin quand cette grande
larve a acquis tout son développement, elle se fait
une solide coque des fibres ligneuses du palmier, et
ce refuge la préserve des attaques d'autres insectes.
Mais les indigènes, qui la considèrent comme un
mets délicat, la recherchent activement et la préparent d'une façon particulière.

Le beau coléoptère connu sous le nom de capricorne musqué appartient également à l'ordre des
perceurs de bois. L'élégance de ses formes, la courbure gracieuse de ses antennes suffiraient pour le
faire remarquer, même quand il ne posséderait pas
deux caractères bien prononcés, la couleur et le
parfum.

A l'œil nu et à la lumière ordinaire, il paraît d'un
vert de malachite; mais si l'on place une partie
d'élytre sous un puissant microscope binoculaire

8

et qu'on la regarde au moyen de la lumière concentrée, on sera émerveillé des innombrables teintes de vert, d'or et d'azur qui se révèlent alors et dont nul pinceau ne saurait rendre l'effet magique. Toute la structure de l'insecte est un chef-d'œuvre, depuis ses yeux composés jusqu'à ses pattes garnies de soies raides.

Le capricorne musqué porte avec lui une odeur tellement forte, qu'elle m'a souvent servi de guide pour découvrir l'insecte. Celui-ci, couché parmi les feuilles dont la couleur se confond avec la sienne, échappe aisément au regard. Des expériences réitérées m'ont démontré que l'insecte émet son parfum à volonté et que ce dernier est souvent plus pénétrant après la mort que durant la vie. On peut aisément conserver le capricorne musqué, en ayant soin de le fournir suffisamment d'eau et d'y ajouter de temps en temps un peu de sucre. La larve perce des trous dans lesquels passerait un crayon ordinaire. Elle semble rechercher surtout les vieux saules ; et si l'on scie un de ces arbres en longueur, on le verra creusé par des galeries presque parallèles et semblables, comme travail, à celles du taret ; quelques-unes dévient brusquement vers les parties encore intactes. Dans certains trous on trouvera de grandes larves blanches, dans d'autres des nymphes dans un état d'immobilité complète ; un ou deux insectes à l'état parfait se tiennent quelquefois à l'entrée.

Un coléoptère du genre rhagium au moment de se métamorphoser en nymphe, se file une coque

d'un beau travail d'où il ne sort qu'à l'état parfait.
Elle est faite de fibres ligneuses que la larve
mord et déchire ; elle se trouve ordinairement
dans un petit creux de l'écorce. Les fibres sont
longues et minces comme on peut voir dans la gravure, où l'insecte et sa coque sont représentés de
grandeur naturelle et au moment même où le rhagium se fait une ouverture, au moyen de ses mandibules, et va s'élancer dans l'air libre.

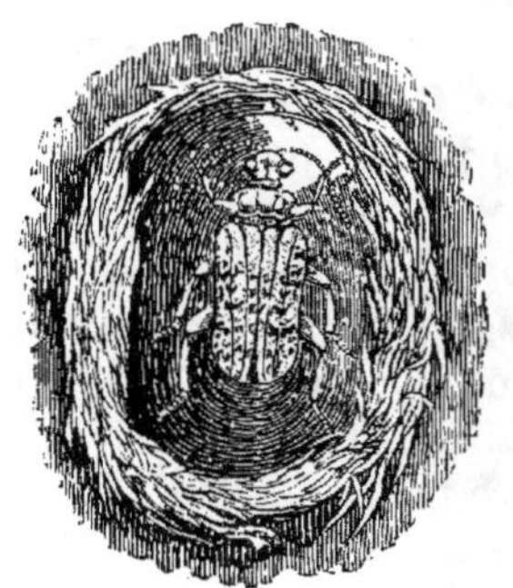

Un rhagium sortant de sa coque.

Le magnifique insecte connu des entomologistes
sous le nom d'arlequin doré fait aussi partie des
perceurs de bois. On voit au Musée Britannique
un morceau d'arbre dans lequel l'insecte est encore
couché, ses longs membres repliés dans un très-
petit espace.

Les coléoptères xylotroges ou coupeurs de bois
exotiques forment une nombreuse famille et quelques-unes de nos espèces les plus rares ont sans

doute été importées avec des cargaisons de bois étrangers.

L'andrène coupeuse, très-commune en Angleterre, se loge souvent dans les saules pourris Elle construit son nid d'une manière très-remarquable. Ayant percé un trou d'une dimension suffisante, elle va à la recherche des matériaux nécessaires aux cellules, et descend ordinairement sur un rosier. Après un mûr examen des feuilles, elle en choisit une, se fixe sur le bord au moyen de ses pattes, et en découpe vivement un morceau demi-circulaire. Comme elle se trouve justement sur ce morceau, elle tomberait à terre avec lui, si, quelques instants avant qu'il ne se détache, elle n'avait pris la précaution d'ouvrir les ailes Au dernier coup de ses mandibules, elle l'emporte dans son trou. Courbant alors ces feuilles en tuyaux cylindriques, elle les dispose comme des dés à coudre mis les uns dans les autres. Dès qu'une cellule est achevée, elle y place un œuf, ainsi qu'un peu de pollen mêlé de miel, et recommence le même travail jusqu'à ce qu'elle ait construit toute une série de cellules.

Une autre andrène, la tapissière, emploie dans le même but les pétales du coquelicot.

Si le lecteur veut visiter un bois de sapins et examiner les arbres, il en verra beaucoup percés de trous ronds de la grosseur d'une plume d'oie ; ce sont les demeures d'un superbe insecte, appelé *sirex gigas* par les entomologistes. Je ne lui connais pas d'autre nom. Il est presque aussi grand qu'un frelon ; il a les ailes très-larges, le corps jaune et noir et se trouve muni d'un long ovipositeur, appendice que nous avons décrit chez la sauterelle ronge-verrue, et au moyen duquel la mère dépose ses œufs dans l'arbre où elle les laisse éclore. La jeune larve commence, dès sa naissance, à percer le bois dans toutes les directions et à s'en nourrir ; vers la fin de ce premier état, elle s'achemine à l'extérieur du tronc et y attend sa dernière métamorphose. A ce moment, l'insecte n'a qu'à s'avancer un peu pour se trouver à l'air. Les scieurs de long en débitant le bois de sapin tuent beaucoup de larves, mais un grand nombre échappe aux dents de la scie ; elles restent dans les planches et se montrent dans les chambres où l'on a employé ces dernières, au grand déplaisir des habitants. L'ovipositeur, que beaucoup de personnes prennent à tort pour un dard venimeux, donne au sirex une apparence assez formidable.

L'andrène charpentière de l'Afrique méridionale, montre une grande puissance à percer le bois ; elle accomplit son travail très-symétriquement, et n'abandonne rien au hasard. Quand elle a trouvé un morceau de bois à sa convenance, ordinairement un arbre mort ou une vieille clôture, elle y perce un trou circulaire de trente-cinq millimètres de profondeur et assez grand pour lui donner passage. Puis elle change soudain de direction et pousse la galerie parallèlement au grain du bois et à une profondeur de plusieurs centimètres. Il n'y a pas dans ce travail le moindre atome de bois qui soit perdu; tout est mis soigneusement en réserve dans un endroit où le vent ne peut parvenir. La galerie terminée, la charpentière se met à la recherche de pollen et de miel; elle les mêle et en fait au fond du trou un petit tas sur lequel elle pond un œuf. Il s'agit maintenant d'élever au dessus de ce dernier un plafond qui deviendra la base d'une autre cellule. Des fragments de bois conservés en magasin, elle forme sur le tas de pollen un cercle dont elle cimente les matériaux par une substance gélatineuse qu'elle secrète. Un second cercle s'ajoute intérieurement au premier et ainsi de suite, jusqu'à ce qu'un plafond, composé de cercles concentriques, se trouve achevé. L'épaisseur d'une telle construction égale celle d'une pièce de dix centimes.

Le nombre des cellules varie beaucoup; chaque gàlerie en contient sept ou huit. Si l'on considère que l'insecte construit plusieurs galeries, longues chacune de trente centimètres, sans autres outils que ses mandibules, on est rempli d'admiration devant un tel travail.

Dans notre gravure on voit la partie supérieure de la galerie avec ses cellules; dans celles qui sont en bas les larves sont écloses. Ayant terminé sa galerie, la charpentière la ferme avec les mêmes matériaux dont elle a fait les plafonds.

Les lépidoptères comptent parmi eux des espèces produisant de grands dégats dans le bois, comme par exemple le bombyx cossus. Cet insecte est beaucoup plus abondant qu'on ne croit; mais, comme à l'état de chrysalide, il est profon-

dément enterré dans quelque tronc d'arbre, et qu'à
l'état parfait il vole rarement pendant le jour, on
ne l'aperçoit que fort peu. La chrysalide se trouve
surtout dans les vieux saules; elle exhale une forte
odeur de bouc qui la fait aisément découvrir, et qui
persiste dans son trou pendant des années, même
après le départ de l'insecte. Quelques personnes
croient que le fameux cossus que les anciens romains estimaient être une si grande friandise, était

L'Andrène charpentière et ses larves.

la larve de cette teigne. J'en doute; aucun palais,
si blasé qu'il soit, ne pourrait jamais s'habituer à
un mets aussi repoussant.

La larve grandit avec une rapidité étonnante; au
moment de son plein développement elle pèse douze
mille fois plus qu'à son éclosion. Les anneaux sont
profondément marqués; le corps est d'un rouge
d'acajou en dessus et jaunâtre en dessous. Des
mandibules fortes et tranchantes, la tête taillée en
coin et des muscles très-développés permettent à la

larve de se frayer un chemin, même à travers du bois dur. Elle se nourrit entièrement de l'arbre dans lequel elle vit et augmente la dimension des galeries en proportion de son propre développement. Elle passe environ huit ans à l'état de larve; l'hiver elle dort dans une coque faite de fragments de bois et de fils soyeux qu'elle produit, comme chenille, en abondance. La larve creuse son chemin sans aucune régularité; quelquefois elle s'avance sous l'écorce, puis plonge brusquement jusqu'au cœur de l'arbre pour revenir tout près du premier sentier dont elle n'est, dans ce cas, séparée que par une cloison très-mince. On trouve, en disséquant la chenille, que sa structure intérieure ressemble à celle du ver à soie, sauf que les muscles sont plus accusés. Les organes qui produisent la soie, offrent un développement moindre. Deux organes placés vers la tête, attirent immédiatement l'attention : ce sont deux sacs membraneux ayant de l'analogie avec le premier estomac des abeilles, ils sont un peu flasques et ridés en longueur. De leur partie supérieure sort un fil très-tenu qui est creux vu au microscope : en effet, c'est un conduit allant à la bouche. Ces sacs contiennent un fluide fétide qu'on suppose devoir servir à mouiller et à ramollir le bois.

Parmi nos autres lépidoptères il faut citer la famille des sésies dont les différentes espèces s'attaquent surtout aux jeunes arbres; elles rongent leurs racines, aussi bien que leurs branches. Les sésies se distinguent des autres lépidoptères par leurs ailes qui, au lieu d'être faites d'écailles de couleur se composent d'une simple membrane transparente.

Durant un été j'ai remarqué une douzaine de sésies dans le tronc d'un peuplier qui était sur un côté dépouillé de son écorce. C'était dans cette partie que les chenilles avaient établi leur dernière demeure. Elles avaient creusé les cellules jusqu'à la surface même du bois, dont il ne restait à l'extérieur qu'une mince pellicule ; et j'ai vu plusieurs larves au moment où elles les perçaient pour en sortir insectes parfaits.

Nous terminerons cette liste de lépidoptères perceurs par la description de deux espèces dont l'une perce le bois et l'autre la cire.

La première, l'alucite des grains est très-petite et se rapproche beaucoup de la teigne commune, si redoutable aux étoffes de laine et aux pelleteries. Elle se nourrit de grains qu'elle recouvre d'un tissu de fils soyeux. Ce qu'il y a de remarquable chez la larve, c'est qu'elle se loge plus tard dans la boiserie du grenier qu'elle crible de petits trous; rien ne l'arrête, pas même les nœuds qui, dans le bois blanc, contiennent toujours de la térébenthine en abondance. Dans cette retraite la larve se change en chrysalide ; l'été suivant, l'insecte parfait éclot en quantités innombrables, prêtes à pondre sur le blé des œufs d'où sortiront de nouvelles générations de destructeurs.

La teigne de la cire abonde dans notre pays. Elle se tient dans les rayons des mouches à miel et si

elle parvient à y déposer ses œufs, la ruche péri
fatalement. Le dard venimeux est impuissant contre
les larves ; celles-ci ont soin d'envelopper leur corps
d'un fort tuyau protecteur, et de ne laisser à découvert qu'une tête cornée que l'aiguillon ne peut
entamer. Ces tuyaux envahissant bientôt chaque
rayon et dévorant tout sur leur passage, les abeilles
sont forcées de leur céder la place et de chercher
une autre demeure.

X

MAMMIFÈRES A HABITATIONS SUSPENDUES

La souris des moissons. Origine du nom. Son nid. Sa nourriture. — L'écureuil. Ses deux demeures. Sa hardiesse, Matériaux du nid.

Parmi les mammifères, bien peu se font des habitations suspendues. Notre pays en possède un spécimen très-intéressant, la souris des moissons, le plus
petit de nos quadrupèdes et peut-être du monde entier. Quand elle a atteint toute sa croissance, elle ne
pèse qu'environ cinq grammes, six fois moins que la
souris commune. Le dessus du corps est d'un beau
rouge, le ventre d'un blanc pur; la ligne de démar-
cation entre ces deux couleurs est nettement définie.
Son nom lui a été donné, parce qu'à l'époque des
moissons on en prend par centaines dans les granges
et sous les meules. On donne quelquefois, et à tort,
le même nom à des souris des champs qui n'y ont

aucun droit. La véritable souris des moissons se reconnaît à ses deux couleurs bien prononcées. Elle
a les oreilles plus courtes que les autres espèces, la
tête est plus forte et les yeux se projettent moins. A
ces signes, le naturaliste reconnaîtra aisément s'il a
devant lui une souris des moissons.

Les souris construisent pour leurs petits des nids
très-confortables, au moyen de morceaux de laine,
de haillons, de crins, de mousse etc. Elles roulent
ces matières en masse ronde, au milieu de laquelle
se trouvent les petits ; mais la souris des moissons
surpasse toutes ses congénères par la beauté et l'é-
légance de sa demeure. C'est un véritable nid suspendu ; il se trouve ordinairement attaché à de
fortes tiges d'herbe ou de blé. Gilbert White, le
naturaliste, en a rencontré un pendu à une tête de
chardon. Il se compose d'un globe creux, tissé
d'herbes ; les parois en sont tellement minces qu'on
voit parfaitement de l'extérieur tout objet placé dedans. Comme il n'y a aucune ouverture, on doit
supposer que la mère passe à travers les mailles
qui d'ailleurs sont très-relâchées.

La situation du nid, toujours placé à une petite
élévation, suppose chez son constructeur la faculté
de grimper, commune aux rats et aux souris.
Ceux-ci remontent un mur vertical, pourvu que la
surface en soit un peu rugueuse, ils le descendront
la tête en bas en se retenant au moyen des griffes
recourbées des pattes de derrière. La souris des
moissons est encore mieux construite pour grimper;
des doigts de pied, longs et flexibles, lui permettent

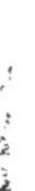

Le souris des moissons.

de saisir une tige d'herbe, comme ferait un singe d'une branche ; une queue longue et mince, en partie préhensile, l'aide beaucoup dans ses mouvements.

Les souris des moissons se nourrissent principalement d'insectes et surtout de mouches : elles possèdent en conséquence une très-grande agilité et savent s'élancer d'un bond sur leur proie qu'elles ne manquent jamais. Cette souris est très-féconde ; on en voit quelquefois huit ou neuf petites entassées comme des harengs en caque dans leur berceau aérien.

Un autre mammifère, bien connu chez nous, qui doit être classé, au moins pour une saison de l'année, parmi les constructeurs d'habitations suspendues, c'est l'écureuil commun, si abondant dans les districts très-boisés. Sans faire preuve de l'ingénieuse adresse qui caractérise la souris des moissons, il se montre cependant architecte habile. Ses nids sont au nombre de deux : l'un, destiné à y passer la période d'hivernation, l'autre servant de logis d'été. Il y a entre eux toute la différence qui distingue une maison de ville d'un vide-bouteille. Le premier est ordinairement placé à l'endroit où naissent deux branches, celles-ci le cachent à la vue et le protégent contre le vent ; le second, beaucoup plus fragile se trouve presque à l'extrémité de menues branches qui plient sous son poids et où il se balance au moindre souffle.

Confiant dans cette position inexpugnable, l'écureuil ne prend pas la peine de dissimuler sa demeure d'été, il la bâtit de façon à ce qu'elle soit vue de loin, tandis qu'il faut un œil exercé pour découvrir le premier nid. Il se sert pour le construire de brin-dilles, de feuilles de mousse et d'autres substances végétales. Les petits y naissent vers le milieu de l'été et restent avec la mère jusqu'au printemps. Ils sont ordinairement au nombre de trois ou quatre. L'écureuil évite de renouveler ses constructions et se sert du même logis d'année en année jusqu'à ce qu'il soit devenu, par l'effet du temps, tout à fait inhabitable ; lorsqu'elle se voit menacée, la mère prend ses petits dans sa bouche et les porte un à un en lieu de sûreté. Sa demeure d'hiver, d'une forme moins régulière, se fait remarquer par une solidité beaucoup plus grande. J'ai quelquefois tiré d'un de ces réduits abandonnés des substances végétales en quantités vraiment incroyables. Ce nid devant servir d'abri pendant la mauvaise saison, se compose nécessairement de matériaux plus résis-tants et en plus grand nombre.

XI

OISEAUX CONSTRUCTEURS DE NIDS SUSPENDUS

Les tisserins. — Le tisserin à bec rouge. Services qu'il rend au buffle. — Le tisserin à dos moucheté. — Le mahali. Forme du nid. Théorie sur certaine particularité de sa structure. — Récit du capitaine Drayson. — Le tisserin à tête jaune. — Le tisserin Taha. Dégats qu'il cause aux récoltes. — Le martinet du palmier. Coton qu'il emploie. — La fauvette tailleur. Antiquité des métiers. — La sylvie à queue en éventail.

Les tisserins, oiseaux remarquables, forment le groupe des plocéides et habitent les zônes brûlantes de l'Asie et de l'Afrique. Le dernier de ces pays surtout, est riche en tisserins ainsi qu'on peut voir par notre gravure où se trouvent représentées plusieurs espèces avec leurs nids.

Ces oiseaux suspendent généralement leur nid à l'extrémité des petites branches, à des plantes parasites, à des feuilles de palmier ou à des roseaux; souvent ils le construisent au dessus de l'eau et à

9

une faible distance de la surface. Dans ce dernier cas, ils cherchent à protéger leurs œufs et leurs petits contre les attaques des innombrables singes dont les forêts sont remplies. Les branches étant très-minces, plient sous le corps du maraudeur, si petit que soit ce dernier, et le font plonger dans l'eau. On connaît l'amour des quadrumanes pour les petits oiseaux, les souris et les œufs ; ils ont aussi une telle prédilection pour le sang, qu'ils arrachent les plumes de la queue des perroquets et les sucent toutes sanglantes. Les serpents font également la chasse aux œufs et aux petits, mais les parents, protégés par leur position, n'ont pas la crainte de voir leurs ennemis saccager les nids. Toutefois si l'un d'eux s'aventure trop près, la gente ailée l'accable de coups de bec et l'étourdit de cris. Notre gravure représente une scène de ce genre ; des tisserins, d'espèces différentes, unissent leurs efforts pour repousser les attaques d'un singe qui a déjà fait une chute dans l'eau à la suite d'une première tentative.

Le plus commun des tisserins d'Afrique est le tisserin à bec rouge. Cet oiseau ne quitte jamais les buffles ; quand le progrès de la civilisation, comme cela arrive souvent, force ces quadrupèdes d'abandonner leurs pâturages, l'oiseau disparaît également et ne se rencontre plus que dans les endroits où son énorme compagnon jouit d'une parfaite sécurité. La cause de cette association se trouve dans le fait que le tisserin se nourrit des différents insectes parasites qui vivent sur

Tisserins défendant leur nid contre un singe.

le buffle. Où est ce dernier, là se rencontre l'oiseau, voltigeant sans crainte autour de lui, perchant sur ses cornes ou fouillant du bec le dos du monstre qui, du reste, a les meilleures raisons du monde pour désirer la présence de son allié ; par lui il n'est pas seulement débarrassé d'hôtes incommodes, mais il est aussi averti en cas de danger. Dès que l'oiseau s'aperçoit de quelque chose de suspect, il cesse de manger et scrute les alentours ; ses soupçons se justifient-ils, il s'élève dans l'air avec un bruit d'ailes particulier, dont le buffle connaît fort bien la signification. Le lecteur ne doit pas supposer que chaque buffle a son tisserin ou qu'un troupeau est nécessairement accompagné de ces oiseaux; mais si les quadrupèdes se rencontrent seuls et en quantité, on ne trouve les oiseaux que dans leur société.

Ces nids ronds et pendus en rangées sont faits par le tisserin à dos moucheté, et diffèrent entre eux en ce sens que chez les uns l'entrée se trouve en bas et chez d'autres plus sur le côté. Ils se composent des mêmes matériaux. Cet oiseau ne paraît pas très-commun et ne se montre pas à l'ouest du pays des Caffres. Ses œufs, au nombre de quatre ordinairement, sont d'un vert pâle, comme ceux de nos étourneaux. On l'appelle aussi quelquefois le tisserin à huppe jaune.

Tous les nids suspendus se font remarquer par des formes bizarres ; tous se balancent à l'extrémité des branches ; mais les uns sont très-courts, les autres très-longs ; tantôt l'entrée se trouve en bas, tantôt sur le côté, d'autres fois au sommet. Les uns pendent d'une branche, les autres sont attachés comme des harnais. Les tisserins qui nichent sur les palmiers, arbres sans branches comme chacun sait, fixent leur nid à l'extrémité des feuilles. Il y a des nids de fibres très-minces comme il y en a d'herbes grossières ; d'autres qui sont faits d'un tissu tellement relaché qu'on voit les œufs à travers; d'autres enfin qui montrent une telle solidité qu'on les croirait faits en chaume par un couvreur de profession.

Le tisserin mahali de l'Afrique méridionale présente un remarquable exemple de cette dernière catégorie. Bien que ne mesurant que sept centimètres, il construit un nid dont la solidité est hors de toute proportion avec le faible volume de l'architecte. Le nid ressemble à une bouteille à col court et à gros ventre ; il est fait de brins d'herbes très-forts dont les bouts convergent vers l'entrée qui se trouve en bas à la partie la plus étroite. On a cru voir dans cette position, un moyen de défense contre les attaques du dehors. Cette théorie a besoin de confirmation. Quoique les brins se projettent comme des piquants de porc-épic, je doute qu'ils offrent le moindre obstacle à un serpent ou à un singe. Si le premier peut parvenir jusqu'au nid, il lui serait également facile de pénétrer dans l'ouverture au moyen d'un mouvement ascensionnel de son corps flexible. Le singe, selon moi, ne rencontrerait pas plus de difficulté ; au contraire, il se cramponnerait d'une main aux brins d'herbes, tandis que de l'autre il dévaliserait le nid. Beaucoup de constructions du monde animal présentent des particularités dont l'explication ne pourra être fournie que par des études approfondies.

Le mahali est un joli oiseau, quoiqu'il ne brille pas par la teinte de ses couleurs ; il a le dos d'un brun rougeâtre, le dessous du corps est blanc et chaque côté de la tête marqué d'une grande tache également blanche. Il est rare qu'on le rencontre seul ; il aime à s'assembler en bandes et vingt à trente de ces nids remarquables se balancent quelquefois aux branches d'un même arbre.

Le plus singulier de ces nids appartient à une petite espèce jaune. Il ressemble à une cornue suspendue le col en bas, et se compose d'une herbe étroite, élastique qui n'est guère plus grosse que la ficelle ordinaire avec laquelle on attache les paquets. Elle est tissée avec un art qui parait bien au dessus des capacités d'un simple oiseau.

D'après un témoin oculaire, le capitaine Drayson, de l'artillerie royale, l'oiseau qui construit ces nids est appelé par les habitants du pays, le loriot jaune. Il est presque de la grosseur d'une grive et a tout le corps jaune, à l'exception d'un peu de brun à l'extrémité des ailes. Dans les localités favorables, on voit quelquefois des centaines de nids suspendus à une douzaine d'arbres. L'oiseau choisit toujours la branche la plus flexible, à l'extrémité de laquelle il attache son nid, de manière que celui-ci touche presque à la surface de la rivière. Les meilleures places sont vivement disputées à l'époque de la nidification et donnent ;lieu à plus d'un combat. Pour construire le nid, l'oiseau attache à la branche quelques algues entrelacées, puis il commence par la partie supérieure, arrondie en dôme. A mesure que le travail avance, et toujours de haut en bas, le nid se dessine en globe renflé ; cette partie étant terminée, il s'agit d'ajouter le col, opération délicate. Pour cela, l'oiseau se sert de matériaux beaucoup moins grossiers et parvient, avec un talent admirable, à faire une entrée longue, étroite, unie, et toujours d'un même diamètre. Quelquefois deux nids sont attachés ensemble ; dans ce cas, le dernier venu commence par fortifier le nid auquel le sien doit adhérer. Les bords de la rivière présentent durant la nidification, un spectacle des plus intéressants à cause de l'intelligence et de l'activité que déploient ces oiseaux.

En introduisant avec précaution la main dans le col d'un de ces nids, on comprend mieux son admirable structure. A le voir du dehors, on dirait que le nid, avec son entrée au bas, n'offre que peu de sécurité aux petits ; mais à l'endroit où le col s'adapte au globe, la main rencontre un rebord haut de cinq à six centimètres qui, traversant toute cette partie, empêche les petits de tomber de leur berceau. Les œufs, au nombre de trois, sont d'un bleu pâle tacheté de brun. Le père et la mère couvent à tour de rôle ; ces soins les absorbent à un tel point, qu'en tenant le col d'une main et en y faisant pénétrer l'autre, on peut les prendre vivants.

Le remarquable nid du tisserin à tête jaune se

trouve sur le bord d'une rivière près de Natal. Il
est fait de roseaux très-forts, étroitement entrelacés
il résulte de cet arrangement une si grande solidité:
qu'on peut laisser tomber le nid de très-haut sans
lui causer le moindre dommage. Des feuilles artistement superposées le tapissent à l'intérieur et en
font une sûre et moëlleuse retraite. Le nid a presque la grandeur d'une noix de coco.

Le nid d'un autre oiseau de la même espèce se
distingue par une entrée latérale, demi-circulaire,
où les habitants se perchent quelquefois. Un roseau
plus fort double le cintre, particularité qui se remarque aussi à la base qui doit supporter le poids
des oiseaux.

Le tisserin taha ne dépasse jamais le vingt-
sixième degré de latitude australe. On le rencontre
en bandes nombreuses dans le voisinage des rivières où il perche sur les arbres. A l'époque de
la nidification, il se retire dans les roseaux qui
bordent les rivières et y suspend son nid. Il cause
de grands dégats aux jardins et aux champs, là du
moins où il se trouve en grand nombre. Le plumage
du tisserin taha varie selon les saisons ; jaune
durant l'été, il s'entremêle de taches brunes en
hiver ; on dit qu'à la même époque le bec prend une
couleur plus foncée.

Un autre oiseau remarquable par la construction de son nid habite la Jamaïque. C'est le martinet du palmier , qu'on reconnaît aisément à
une bande blanche qui tranche sur son corps noir.
Il est renommé pour la rapidité de son vol à tra-

vers les savanes, et habite l'île pendant toute l'année. On a donc eu de nombreuses occasions de le bien observer. Il attache ordinairement son nid à la spathe du cocotier et cela d'une façon tellement solide, qu'en arrachant de force le nid on enlève la membrane extérieure de la feuille. Le nid se compose de coton au dehors et présente une masse compacte pareille à du feutre. Une épaisse couche de duvet le garnit à l'intérieur. L'oiseau emploie souvent ces matériaux en telle quantité, que l'excès même fait découvrir le nid qui, sans cela, resterait caché sous la feuille. Le coton dont il est bâti n'est pas celui du commerce, et provient d'un arbre du genre bombax atteignant souvent une hauteur de un mètre et demi environ sans la moindre branche. A cause de sa courte soie, de trois centimètres à peine, il ne sert que pour faire des matelas. Les indigènes de la Guyane en garnissent aussi les petites flèches qu'ils lancent par un tube ; mais par son défaut même, il s'adapte admirablement à l'emploi que le martinet en fait.

Souvent, il y a dans chaque spathe plusieurs nids agglutinés les uns aux autres par la même substance qui les attache à la feuille ; dans ce cas une manière de galerie les relie et les fait communiquer ensemble. On croit que ces oiseaux, à l'exemple des hirondelles, occupent le même nid jusqu'à ce que la spathe, se détachant, tombe à terre. Ils bâtissent quelquefois sur un autre palmier du genre chamœrops ; le nid ne ressemble pas alors à celui du cocotier ; au lieu d'être compact et ferme, il ne tient

pour ainsi dire pas et affecte la forme d'une blague
à tabac. Le martinet des palmiers pond des œufs
blancs.

Celui qui, le premier, a cousu deux feuilles ensemble, a sans doute cru inventer un art inconnu avant
lui et dont tout le mérite lui revenait; et si quelque
bon génie lui eut fait prévoir les effets de sa découverte sur l'humanité, il aurait pu se montrer orgueilleux, non sans raison. Si, par exemple, l'indigène de l'Australie se borne depuis un temps im-
mémorial à joindre deux peaux en se servant d'un
tendon provenant d'une queue de kanguroo et d'un
os d'ému, chez d'autres peuples « le fil et l'aiguille » ont progressé et ont atteint leur apogée
dans la machine à coudre de nos jours.

La respectable corporation des tailleurs prétendait
autrefois à une origine plus ancienne que celle des
autres métiers ; et, se basant sur un passage de la
Genèse, proclamait Adam le premier tailleur. Avec
plus de connaissances en ornithologie, elle aurait
pu élever des prétentions bien autres et dire que le fil
et l'aiguille s'employaient avant l'apparition du premier homme sur la terre. Un petit oiseau appelé dans
l'Inde, la fauvette tailleur, choisit une des dernières
feuilles d'une menue branche en perce les deux bords
d'une rangée de trous. Ceux-ci ne sont pas réguliers ; quelquefois il y en a tant qu'on croirait que
l'oiseau a dû trouver un plaisir extrême à se servir
de son bec comme le savetier de son alène. S'étant
procuré du fil, c'est à-dire une longue fibre végétale,
il le passe par les trous en rapprochant les bords de

la feuille de façon à former un cône creux dont la
pointe est en bas. L'oiseau emploie ordinairement
une seule feuille, mais quand il n'en trouve pas
d'assez grande, il en coud deux ensemble ; puis il
dépose dans le creux un duvet blanc, pareil à du
coton à courte soie. Il se construit ainsi une demeure élégante et légère qu'on distingue à peine

L'oiseau tailleur.

des autres feuilles de l'arbre. L'oiseau - tailleur
habite l'Inde ; d'un naturel familier, il s'approche
des habitations et se voit souvent dans les jardins.
Il niche de préférence sur les branches les plus
basses.

La sylvie à queue en éventail coud également son
nid, quoique ce dernier ne puisse être classé parmi

les habitations suspendues. Cet oiseau coud ensemble des feuilles de roseaux, mais au lieu de passer dans les trous un seul fil, il en emploie une très-grande quantité, et a le soin de faire un nœud à chaque bout.

XII

OISEAUX CONSTRUCTEURS DE NIDS SUSPENDUS

(SUITE).

Les oiseaux à nids suspendus de l'Australie. — Le séricornis à
gorge jaune. Ses mœurs. - La sylvie des rochers. — L'acanthiza à queue jaune.— Le double nid. — Le melliphage chanteur. — Le myall ou acacia pendule. — Le melliphage lunulé
— Le melliphage peint. Nid remarquable — Le melliphage à gorge blanche. Position du nid. — L'hirondelle dicæum.
Son chant. Beauté de son plumage. Forme et matériaux du
nid. — Le melliphage lancéolé. Singulière manière de
suspendre son nid. — La queue de paon.

L'Australie nous offre quelques exemples très-
remarquables de nids suspendus, parmi lesquels il
faut surtout distinguer celui du séricornis à gorge
jaune. La couleur générale de cet oiseau est un
brun uni, à l'exception de la gorge qui est d'un
jaune citron ; une grande tache noire entoure les
yeux. Cet oiseau, le plus grand de son espèce, se
tient beaucoup à terre, dans les taillis épais où il
cherche des insectes dont il se nourrit.

« Tous ceux qui ont parcouru une forêt australienne, dit M. J. Gould, le savant ornithologiste, ont dû remarquer dans ses parties les plus denses et les plus humides, une atmosphère singulièrement favorable au développement rapide de différentes mousses; ces cryptogames poussent, non-seulement sur les troncs des arbres, mais s'accumulent aussi aux extrémités des branches pendantes et souvent en masses assez grandes pour permettre à l'oiseau de s'y faire un nid. Ces grappes de mousses ont quelquefois un mètre de long, et pendent assez bas pour que la tête du promeneur s'y heurte. D'autres fois on les voit à une grande hauteur. Quelle que soit leur position, elles forment un trait caractéristique du paysage. Quoique le nid vacille au moindre souffle, l'oiseau se considère comme tellement en sûreté que j'ai souvent pu m'emparer de la femelle pendant qu'elle couvait ; la seule difficulté consistait à distinguer l'entrée dans cette masse de mousse. »

Au lieu de suspendre leur nid à l'extrémité d'une branche, certains oiseaux choisissent des localités tout à fait défavorables en apparence. Telle est la sylvie des rochers ou l'oiseau des cataractes qu'on ne trouve que dans les terrains rocheux coupés de chutes d'eau. Jamais on ne l'a vu dans une forêt ni même perché sur une branche. C'est un oiseau de la grosseur du moineau, d'un brun sombre et marqué sur la poitrine d'un peu de rouge. Son chant est mélodieux quoique faible. Le nid est en forme de bulbe, à col étroit et long ; il se compose des longues mousses si abondantes dans le pays et se trouve généralement fixé sous une saillie de rocher où il est à l'abri des intempéries. Dans une localité favorable on voit de ces nids attachés par douzaines au rocher.

Un autre oiseau de l'Australie, l'acanthiza à queue jaune se construit un double nid en les plaçant l'un sur l'autre. Cet oiseau a le plumage du dos vert; il est jaune pâle en dessous et porte à la queue une tache d'un beau jaune d'or. Contrairement à l'opinion populaire suivant laquelle les oiseaux de ce pays ne chantent pas, il possède un gosier charmant, semblable à celui du chardonneret. On le voit rarement voler ; il se tient à terre ou sur un buisson et se laisse approcher d'assez près. Le nid est d'une structure fort curieuse ; c'est un nid surmonté d'un autre nid de moindr dimension. L'utilité du dernier ne se comprend pas bien ; peut-être sert-il de perchoir au mâle. Pour établir sa demeure, l'oiseau emploie de l'herbe, du bois, des feuilles et suspend son nid à une branche de mimosa, excepté lorsqu'il niche dans un jardin ; il préfère alors quelque arbuste.

Le melliphage chanteur, très répandu en Australie, non-seulement appartient au groupe des constructeurs de nids suspendus, mais il offre un autre exemple d'oiseaux chanteurs en Australie. Très vif dans ses mouvements, il fait entendre un chant plein, sonore, même au milieu de l'hiver. Le myall, appelé aaccia pendula, par les botanistes, est très commun dans ce pays. C'est un arbre à branches pendantes, longues et

minces, dont les feuilles ressemblent de loin à des
brins d'herbe, et que les oiseaux recherchent
surtout pour y suspendre leurs nids. Ceux-ci,
quoique d'une construction uniforme, diffèrent par
les matériaux ; dans la Nouvelle-Galles du Sud,
par exemple, la couche extérieure est formée de
brins d'herbes très minces, tandis que l'intérieur
se compose de racines fibreuses et de toiles d'a-
raignées. Le nid s'attache par les bords aux
branches, dont plusieurs font quelquefois partie du
tissu et lui donnent une grande solidité. Dans
l'Australie occidentale, le nid est tissé d'herbes
vertes qui blanchissent et se dessèchent en peu de
temps. Il s'y mêle du poil de kanguroo et d'une
espèce d'opossum pour empêcher la pluie de le
traverser ; l'intérieur est garni d'herbe et de duvet
végétal.

L'Australie renferme beaucoup de melliphages
ou *mangeurs de miel*, qu'on reconnait aisément à la
touffe de poil placée à l'extrémité de la langue, au
moyen de laquelle ils pompent le nectar des fleurs.
Le lecteur se souviendra peut-être que la langue de
l'abeille est organisée de même. Beaucoup de ces
oiseaux font des nids qui méritent d'être classés
parmi les nids suspendus : l'un des plus jolis est
celui du melliphage lunulé, oiseau ayant sur
le derrière du cou un croissant blanc dont les
cornes sont tournées vers le bec et contrastent
singulièrement avec le noir de la tête. Ce nid
se trouve ordinairement suspendu aux branches les
plus menues qui forment le sommet des énormes

eucalyptus. Cette position ainsi que les feuilles sous
lesquelles il se cache, le laissent difficilement apercevoir. Il est fait du liber des acacias, mêlé au poil
de différents animaux ; et depuis l'introduction du
mouton en Australie, l'oiseau se sert aussi de laine,
mais seulement pour l'entremêler aux autres matériaux. Il le garnit toujours de poils d'opossum qui
ne s'attachent pas à ses griffes comme le fait la
laine.

Un autre de ces jolis oiseaux s'appelle le melliphage peint à cause des couleurs variées de
son plumage. Il a le dessus du corps tout brun
à l'exception d'un peu de jaune à la naissance de
la queue ; une tache d'un blanc pur se remarque
derrière les oreilles ; le dessous du corps est moucheté. Il habite dans l'intérieur de la Nouvelle-
Galles du Sud, et fait sa nourriture non-seulement
du suc des fleurs, mais aussi de petits insectes.
Quand ces oiseaux poursuivent leur proie dans
l'air, ils montrent une grande ardeur et ressemblent sous ce rapport au gobe-mouches de notre
pays. Perchés sur une branche, ils guettent les insectes, dès qu'il en passe un près d'eux, ils s'é-
lancent, s'emparent de lui, puis retournent à leur
poste. Le nid de cette espèce offre un joli échantillon d'habitations suspendues: en l'examinant
on ne peut que regretter qu'il ne soit pas possible de conserver à la fois, dans les collections,
la branche et son feuillage délicat dont les longs
brins verts forment, par leur fraîcheur, un singulier contraste avec les matériaux desséchés du nid.

Ceux-ci se composent de filaments de racine que l'oiseau tisse ensemble avec beaucoup d'art, mais en serrant si peu son travail, qu'on risque toujours, en enlevant le nid, de le détruire. Il est attaché par le bord aux branches de l'acacia pendula, dont les longues feuilles lancéolées le cachent presque entièrement. Il est très petit par rapport au volume de l'oiseau.

Le melliphage à gorge blanche ressemble beaucoup au précédent. On le distingue par une grande tache blanche qui part du devant de la gorge et s'étend jusqu'aux yeux. Il a la poitrine jaune et la tête d'un gris bleuâtre. Toujours en mouvement, sautillant d'une branche à l'autre, il fait entendre un ramage pareil à celui du chardonneret et le continue pendant assez longtemps. Fuyant les vents, il aime à se tenir dans les épais massifs de mangliers qui bordent les cours d'eau et où l'atmosphère est comparativement calme. Dans de telles localités on voit son singulier nid, de la forme et de la grandeur d'une tasse à déjeûner. Il est fait de l'écorce, mince comme le papier, des mélæleucés et de différentes fibres végétales au moyen desquelles il s'attache à une branche. L'écorce le rend parfaitement uni à l'extérieur ; pour le garnir, l'oiseau n'emploie ni des plumes, ni des poils, mais des brins d'herbe qu'il y place avec grand soin. Le nid se trouve souvent à deux pieds seulement de la surface de l'eau, il est toujours suspendu à l'extrémité d'une branche, sous des feuilles qui le protégent contre la pluie.

Parmi les constructeurs d'habitations suspendues, citons un autre oiseau d'Australie, l'hirondelle dicæum, dont le volume dépasse à peine celui du roitelet commun, mais qui possède un magnifique plumage. Tout le dessus du corps est d'un bleu de velours, presque noir ; le cou, la poitrine et le

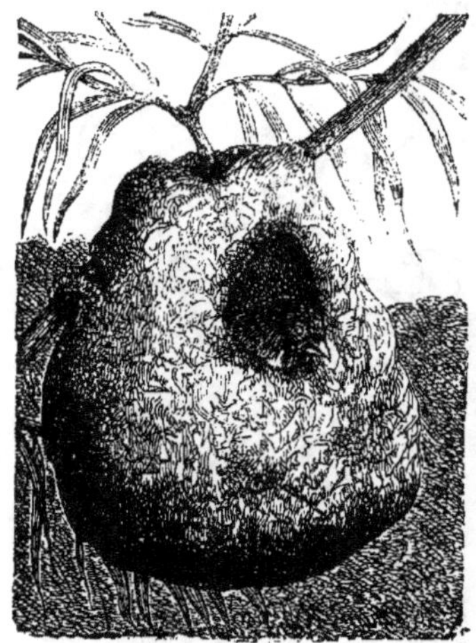

L'hirondelle diæcum.

dessus de la queue brillent d'un rouge éclatant; le ventre est d'un blanc pur. Son chant qu'il soutient longtemps, est, sans avoir une grande force, d'une douceur extrême. Pour étudier les mœurs du dicæum, qui aime à se tenir au milieu des arbres les plus élevés, il faut se servir d'une longue-vue. Il fréquente surtout les casuarinas et voltige d'une branche à l'autre du loranthus, plante parasite à baies visqueuses. On le voit rarement à terre.

Le nid n'est pas moins remarquable que l'architecte ; notre gravure ne donne, malgré son exacti-
tude, qu'une faible idée de sa beauté. Il est fait du
duvet cotonneux qui accompagne et protége les semences de beaucoup de plantes et est tissé avec
tant d'art qu'on dirait une étoffe du plus beau

Le Melliphage lancéolé.

blanc. Il affecte toujours la forme d'une bourse et
pend à une branche au sommet même de l'arbre. Il
contient en moyenne cinq œufs d'un blanc sale,
pointillé de brun.

Dans une précédente page nous avons attribué à
un oiseau le premier usage du fil et de l'aiguille.
Voici un oiseau qui, le premier, a suspendu un nid

semblable au hamac du marin ; c'est le melliphage lancéolé ainsi appelé à cause de la forme de ses plumes. Il est brun et blanc, avec une ligne noire au milieu de chaque plume. On le voit souvent immobile sur la branche la plus élevée d'un grand arbre et poussant de temps en temps un sifflement aigu. Il se nourrit d'insectes et du suc des fleurs.

M. Gould a trouvé le remarquable nid de cet oiseau dans les plaines de Liverpool, suspendu au dessus d'un cours d'eau. Il est fait d'herbe et de laine entremêlées au blanc duvet de certaines fleurs et se rattache par les bords opposés à la branche flexible d'un myall ou d'un acacia pleureur. Il est plutôt petit mais il est très profond et l'on ne saurait inventer une couche plus confortable ni mieux suspendue.

Un autre oiseau australien communément appelé queue de paon, nous fournira un dernier exemple de nids suspendus. Il est noir et blanc et les plumes de la queue, à l'exception de celles du milieu, sont entièrement blanches à leur extrémité. Son nom lui vient de ce qu'en descendant il déploie sa queue comme un grand éventail. Son nid est assez difficile à décrire. Que le lecteur se figure une grande tasse, attachée par le milieu à une branche et laissant flotter, comme une queue, un long appendice dont l'utilité n'est pas connue. Comme beaucoup de nids suspendus, celui-ci se voit souvent au dessus de l'eau. Il se compose de l'écorce de l'acacia, de mousse et du duvet d'une fougère arborescente. Ces substances sont tissées et reliées par de grosses toiles d'araignées, ce qui donne une grande solidité au nid.

L'oiseau est toujours en mouvement et ne craint pas d'entrer dans les habitations à la poursuite des insectes; mais dans la saison de la ponte, il devient aussi farouche qu'il paraissait apprivoisé. Alors il ne souffre pas qu'on s'approche de son nid, et cherche, comme fait le vanneau, à attirer l'attention ailleurs. La queue de paon élève par an deux couvées composées chacune de deux petits et paraît ne jamais quitter l'Australie.

XIII

OISEAUX CONSTRUCTEURS DE NIDS SUSPENDUS

(SUITE ET FIN)

Les oiseaux-mouches. — Le petit ermite. — L'ermite à gorge grise. — L'oiseau mouche à longue queue. Structure de son nid. — L'oiseau mouche à bec en scie. — La nymphe des bois du Brésil. Emploie de ses plumes. — Le cœrebra azuré. — Le loriot de Baltimore. Origine de son nom. Choix de matériaux. — Le loriot des vergers. Différentes formes du nid. — Le cassique huppé. — Le grand gobe-mouches huppé. Les dépouilles de serpent. — Le gobe-mouches à yeux rouges ou Whip. — Tom-Kelly. — Le gobe-mouches à yeux bleus. Sa préférence pour la vigne épineuse. — La sylvie des pins.

Parmi les oiseaux d'Amérique, à nids suspendus, on remarque surtout les oiseaux-mouches, particuliers à ce pays et à ses îles. Les nids de ce genre sont presque les seuls employés par ces merveilleux petits êtres. Les uns s'attachent à des branches, les autres à des rochers et d'autres encore à des feuilles. Ces derniers sont les plus connus. La matière nécessaire pour fixer le nid à une feuille est fournie par les toiles d'araignées, dont plusieurs unissent à la force, une grande élasticité. Il s'en trouve tant de variétés que les oiseaux y prennent les longs fils nécessaires pour relier ensemble l'écorce, la mousse et les fibres végétales, aussi bien que le duvet soyeux garnissant l'intérieur.

Le premier exemple d'oiseaux-mouches à nids suspendus, nous sera fourni par le petit ermite, oiseau marqué sur la poitrine d'un croissant noir et dont le dessous brille d'une chaude teinte de rubis. Plusieurs espèces d'oiseaux-mouches ermites habitent le pays de Vénézuéla, surtout les districts les plus riches en fleurs. Tous ont une queue dont les plumes du milieu sont très-longues, tandis que les autres vont en diminuant par degrés. On remarque encore chez eux cette particularité, que le plumage est également brillant chez les deux sexes, contrairement à ce qui se voit parmi les autres oiseaux-mouches où la femelle est d'une couleur sombre et sans apparence. Tous ces ermites construisent leur nid en forme d'entonnoir et le suspendent à l'extrémité d'une feuille.

Le nid représenté par notre gravure était fait de fibres soyeuses, d'un duvet cotonneux et d'une autre substance que, d'après son tissu, on a supposé être un champignon. Tous ces matériaux étaient entremêlés de toiles d'araignées qui attachaient le nid au bout de la feuille où il se balançait. L'oiseau choisit toujours pour point d'attache une feuille de dicotylédone.

L'ermite à gorge grise construit son nid de la même façon, à cela près qu'il l'attache, ainsi que l'appendice, au bord de la feuille. Une autre espèce emploie pour son nid des filaments de racines et

Le petit ermite et son nid.

des vrilles de plantes grimpantes ; il le fixe à une feuille de palmier.

Le lecteur écoutera avec intérêt le récit de M. Gosse qui fut témoin oculaire de la manière dont l'oiseau-mouche à longue queue bâtit son nid. Ce dernier

se compose de fines mousses, de fibres de coton et
de toiles d'araignées; il est garni de lichens à l'extérieur. On le voit souvent suspendu au dessus de
l'eau ; et une fois même ou l'a trouvé se balançant
au dessus des vagues de la mer à une branche de
vigne vierge.

« — Tout à coup, dit M. Gosse, j'entendis le bruit
d'ailes d'un oiseau-mouche et je vis, voltigeant devant son nid, la femelle d'un oiseau-mouche à longue
queue. Elle tenait dans son bec une masse de coton
soyeux. Effrayée par ma présence elle se percha sur
une branche à quelques pas de distance. Je me
laissai doucement glisser à terre entre les rochers
et gardai une immobilité complète. Bientôt elle re-
parut devant le nid ; dès qu'elle me vit de nouveau,
elle s'approcha de mon visage et se tint à un pied
de mes yeux. Je ne bougeai pas : un second bruit
d'ailes se fit entendre ; c'était le mâle, mais je n'osai
tourner la tête de peur d'effaroucher la femelle. Le
premier partit au bout d'une minute, l'autre regagna
la même branche et se mit à lisser ses plumes et nettoyer son bec des fibres de coton qui le gênaient ; je
le supposai, du moins, à voir les mouvements rapides de sa langue.

« La toilette achevée, elle reprit son vol et se tint
suspendue devant le rocher comme devant une
fleur et en arracha une mousse soyeuse. Quand son
bec fut plein, je la vis entrer dans son nid et y dis-
tribuer les-nouveaux matériaux ; tantôt elle les arrangeait, les entremêlant au moyen de son long bec,
tantôt, d'un mouvement circulaire, elle arrondissait

le nid sous la pression de sa poitrine et lui donnait
la forme d'une tasse. Je ne semblais nullement la
gêner dans son travail, bien que je ne fusse pas très
éloigné d'elle. Enfin elle s'envola et je me retirai. »

L'oiseau-mouche dont il est ici question se fait
remarquer par deux plumes au milieu de la queue,
très étroites et deux fois aussi longues que le corps.
Elles se croisent quand l'oiseau repose, et sont d'un
pourpre foncé presque noir ; le dos brille d'un vert
à reflets, la gorge et le ventre sont vert émeraude.
Au sommet de la tête, noire comme du velours, se
trouve une petite plume.

L'oiseau-mouche à bec en scie ainsi nommé à
cause des dentelures de ses deux mandibules,
construit un nid très remarquable. L'oiseau lui-
même n'offre pas le brillant plumage de beaucoup
de ses congénères. On ne le trouve qu'au Brésil.
Le nid se compose de minces fibres végétales et
ressemble à un filet en forme de bourse ; les mailles
en sontsi peu serrées qu'on voit les œufs à travers.
Il pend généralement à une feuille de palmier.

M. Gould dit que l'on rencontre cet oiseau en
abondance dans les forêts vierges, à trente milles
de Nova Fribergo, surtout dans les mois de juillet,
d'août, de septembre et la première moitié d'octobre. On le voit voltiger parmi les brillantes fleurs
des orchidées, en poussant des cris aigus. Il fait
preuve d'une grande puissance de vol et ne se repose que rarement. Sa nourriture consiste en petits
coléoptères, mouches et autres insectes ailés, sur
lesquels il s'élance avec la rapidité du faucon.

Quoiqu'il soit impossible de citer la dixième partie des nids suspendus faits par les oiseaux-mouches, nous mentionnerons encore un spécimen très remarquable. C'est le nid de la nymphe des bois du Brésil, oiseau qu'on persécute plus que tout autre à cause de la singulière beauté de son plumage. Les plumes de la tête et de la poitrine sont d'un bleu magnifique; dans plusieurs couvents de Rio Janeiro on les emploie en immenses quantités pour la fabrication de fleurs en plumes, art dans lequel les religieuses excellent. On tue chaque année des milliers de ces oiseaux, cependant c'est à peine si leur nombre a diminué; disons aussi qu'on ne chasse que le mâle, les plumes de la femelle étant sans valeur. L'oiseau suspend ordinairement son nid à la branche même d'une de ces plantes grimpantes qui couvrent d'un réseau inextricable les grands arbres des forêts. Il se compose des fibres des fruits du palmier et est garni à l'extérieur de lichen, afin de mieux échapper au regard.

Maintenant nous prenons congé des oiseaux-mouches pour passer à d'autres habitants de l'Amérique.

Le Brésil nous offre un autre oiseau à nid suspendu qu'on appelle le cœreba azuré. Cet oiseau ne le cède en rien aux plus brillants des oiseaux-mouches et même surpasse beaucoup d'entre eux par les teintes resplendissantes de son plumage. La plus grande partie de son corps est d'un bleu superbe, de différentes nuances se mariant admirablement entre elles et séparées par des bandes d'un noir de velours ; une de ces dernières ceint le sommet de la tête et finit sur le dos en large tache ; une autre part du bec et se prolonge jusqu'au cou en contournant l'œil. Dans le cercle formé sur la tête, brille une huppe de plumes d'un bleu verdâtre et à reflets métalliques.

Le nid du cœreba azuré présente la forme d'une poire garnie d'un long appendice ; à ce dernier qui est creux se trouve l'entrée, et pour se rendre au nid l'oiseau doit remonter l'intérieur de ce tube, comme cela a lieu chez plusieurs tisserins d'Afrique. Les matériaux sont fournis par de longues fibres végétales et des herbes ténues. Ils forment un admirable tissu dont la beauté n'est surpassée par aucun autre nid. De la grandeur du moineau, avec un bec légèrement recourbé, le cœreba azuré se nourrit d'insectes qu'il trouve entre les pétales des fleurs.

Le loriot de Baltimore est un bel oiseau, au plumage noir et orangé d'où lui vient son nom ; ces deux couleurs formaient les couleurs héraldiques de lord Baltimore, autrefois propriétaire du territoire de Baltimore. Loin d'être limité à cette localité, on le trouve partout, depuis le Canada jusqu'au Brésil. Il suspend toujours son nid par le bord à quelque menue branche et à une grande hauteur du sol. Il emploie ordinairement des fibres végétales, mais doué d'une grande aptitude pour construire, il sait utiliser tous les matériaux qu'il rencontre. Un nid que Wilson décrit était fait de chanvre, d'étoupe, de crin et de laine dont l'oiseau avait formé un tissu ; pour donner plus de solidité à la masse, il avait passé au travers de longs crins de cheval. Le fond se com-. posait de poils de vache. Le même auteur dit que, pendant la saison de la nidification, les femmes de la campagne sont obligées de veiller sur le fil qu'elles mettent blanchir à l'air ; le loriot de Baltimore s'en emparerait, et, s'il le trouvait trop lourd, il n'y renoncerait qu'après des essais réitérés. On a souvent vu suspendus au nid du loriot des échevaux de soie et de fil, mais tellement embrouillés qu'il fallait renoncer à les démêler. Avant la venue des Européens, l'oiseau ne connaissait pas ces matières, mais sa sagacité d'architecte accompli lui avait fait vite comprendre tout le parti qu'il en pouvait tirer.

Un oiseau de la même famille, le loriot des vergers, montre également beaucoup d'art dans la construction de son nid. Toute la partie supérieure, depuis la tête jusqu'à la queue est complétement noire chez le mâle lorsqu'il a atteint trois ans ; la poitrine et le dessous du ventre est d'un brun rouge, ainsi qu'une partie des ailes dont l'extrémité est blanche. Le nid de cet oiseau varie dans sa structure selon la position qu'il occupe. Quand il se trouve fixé à une branche assez forte, il est plus large que profond et est solidement lié sur plusieurs points afin que le vent ne le renverse pas ; mais lorsqu'il est suspendu à une branche longue et flexible, à laquelle le vent imprime un vif mouvement d'oscillation, il a plus de profondeur et se

compose de matériaux plus légers. L'oiseau recherche toujours le saule pleureur dont les feuilles
pendantes le cachent et dont les menues branches
peuvent être placées tout autour du nid. Il aime

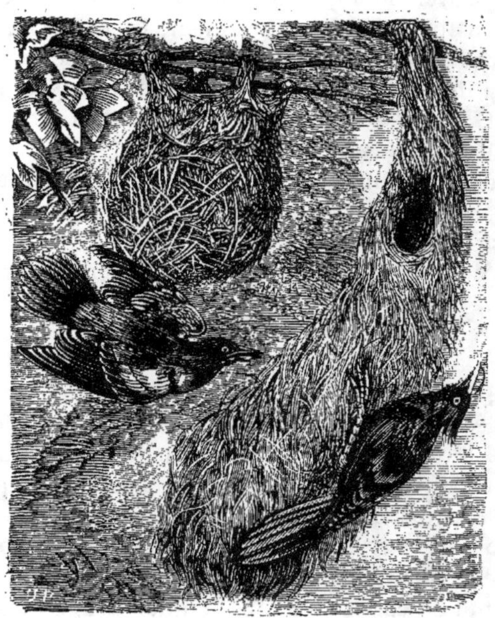

Loriot de Baltimore et cassique huppé.

aussi à s'établir dans les vergers et, loin d'y faire
des dégats, il se montre très utile par la quantité
d'insectes qu'il consomme.

Wilson dit, à propos de ces nids, que l'oiseau ne

fait pas seulement preuve de goût artistique, mais aussi qu'il montre du jugement en variant sa construction selon les exigences de la situation. « Si les actions de ces oiseaux, continue le savant naturaliste, ne provenaient que de ce qu'on est convenu d'appeler instinct, les êtres de la même espèce bâtiraient toujours leur nid sur un même plan, quelque fut la localité; mais d'après ce que nous venons de voir, il faut conclure qu'ils savent raisonner à priori et aller de la cause aux effets.

Le cassique huppé, le plus grand des cassiques d'Amérique, construit un long nid en forme de bourse se balançant au vent et ayant son entrée à la partie supérieure. Il préfère les arbres les plus élevés, dont on le voit parcourir les branches à la recherche d'insectes. Comme l'espèce précédente, il aime à s'établir dans le voisinage des habitations ; il a presque tout le corps couleur chocolat ; les ailes sont d'un vert foncé et les plumes de la queue d'un jaune brillant ; cette dernière couleur se remarque surtout quand l'oiseau est obligé, pour tourner court dans l'air, de déployer la queue. Il a le bec tout vert et porte sur la tête une longue huppe en pointe.

Le nid du cassique huppé a quelquefois plus de trois pieds de longueur et forme, quand il se balance au vent, un objet très apparent. L'ouverture en est petite et l'oiseau y plonge toujours la tête la première. Le nid est solidement construit de matériaux grossiers qui sont loin de ressembler aux fibres délicates et arrondies des nids de tisserins.

Cette même description s'applique aux nids des autres espèces de cassiques.

Il nous reste encore à mentionner plusieurs espèces d'oiseaux à habitations suspendues. Les gobe-mouches de tous les pays se distinguent par la beauté ou par la singularité de leur nid ; l'un des plus bizarres est l'œuvre du grand gobe-mouches huppé d'Amérique, qui se sert toujours de dépouilles de serpent ; on ignore dans quel but. Les uns prétendent que cette peau fournit aux petits une excellente couche ; suivant d'autres, elles effraient les oiseaux étrangers qui viendraient avec des intentions hostiles. Ces deux raisons sont également mauvaises, et nous devons nous contenter de connaître cette particularité sans vouloir l'expliquer.

Nous allons maintenant parler du gobe-mouches aux yeux rouges, vulgairement connu aux États-Unis sous le nom de Whip-Tom-Kelly, à cause de son étrange cri qu'on dit répéter exactement ces trois mots qui s'entendent très distinctement et à de grandes distances. Cet oiseau se trouve depuis la Géorgie jusqu'au Saint-Laurent. Le nid est petit et placé à peu de distance du sol, contrairement à ce qu'on remarque d'habitude dans les nids de ce genre. L'oiseau le suspend à une branche d'arbuste ou de quelque arbre nain, et emploie dans sa construction une grande variété de matériaux, tels que des débris de nids de frelons, des feuilles sèches, du chanvre, de l'écorce de vigne, du papier et des poils. Tout cela est relié ensemble avec la soie que fournissent plusieurs chenilles et forme un tout tellement solide que d'autres oiseaux se servent du nid l'année suivante.

Le gobe-mouches à yeux bleus emploie tant de vieux journaux dans la construction de sa demeure qu'on l'appelle le *politique*. Les autres matériaux se composent de bois pourri, de fibres végétales et de substances analogues. Le nid, en forme de cône renversé, pend par un bord à la branche flexible d'une espèce de smilax appelée dans le pays vigne épineuse, et comme l'oiseau choisit rarement un autre arbuste, on parvient aisément à le découvrir.

Le dernier exemple d'oiseau d'Amérique à habitations suspendues nous est fourni par la sylvie des pins, oiseau d'un petit volume, qui voltige entre les branches et s'y attache la tête en bas comme une mésange à la chasse des insectes. Souvent il court rapidement à terre; au moindre bruit il prend son vol et se cramponne au tronc le plus proche. Ce mouvement lui est tellement particulier qu'il le fait reconnaître à une grande distance. La sylvie des pins se trouve dans les forêts de pins des États du Sud, où il se tient par bandes de vingt à trente oiseaux. Son nid pend à quelque branche fourchue et se compose de l'écorce de la vigne vierge et de bois pourri solidement reliés avec de la soie de chenille. Lorsque l'oiseau trouve un nid de frelons, il le démolit comme étant fait du bois le plus sec et le plus léger et emploie les fragments à la construction de sa propre de-

meure. L'intérieur est tapissé de menues racines
de plantes et de feuilles de pins séchées ; ces dernières fournissent une couche plus moëlleuse que
leur forme ne semble l'indiquer.

XIV

INSECTES A HABITATIONS SUSPENDUES.

Les hyménoptères. — Insectes d'Australie. — Le crematogaster.
— La fourmi verte. — L'abispea. Singulière entrée du nid. —
Le tatua moris. — La guêpe commune. Nid gigantesque du
musée d'Oxford. — La cartonnière. Manière de suspendre son
nid. — La myrapetra. Saillies du nid. — La nectarinia. — Le
genre trigona. — L'ichneumon microgaster. — Remarquable nid
de polistes. — Les charançons. — Coque du genre cionus. — Le
bombyx constructeur. Demeure portative. — Le bombyx du
chêne. — Le bombyx du tithymale. — Les chenilles plieuses. —
Totrix viridissima. — La pyrale du lilas. — L'araignée.

Nous commencerons par les hyménoptères, parce
qu'ils montrent autant d'adresse à suspendre leur
nid qu'à creuser une demeure dans la terre. Nous
passons sous silence plusieurs espèces que le lecteur trouvera plus tard soit dans le chapitre des
insectes constructeurs, soit dans celui des insectes
communistes.

L'Australie nous offre plusieurs exemples remarquables, entre autres une fourmi dont le nid tout

rond ressemble à celui de certaines espèces **de**
guêpes ; mais un examen plus approfondi **nous**
le montre composé d'une quantité de ramifications
compliquées, qui toutes conduisent aux **galeries**
et aux cellules de l'intérieur. Cette fourmi a l'habitude de tenir en courant l'abdomen tellement haut

Nid de fourmi crematogaster.

qu'il se recourbe sur le dos et dépasse le thorax ;
de là vient le nom de crematogaster ou ventre pendant. Deux autres espèces se font remarquer par la
même habitude : la première construit son nid sur
des branches d'arbre, avec de la bouse de vache.
Elle a le talent de façonner cette substance en flocons
qu'elle range comme les tuiles d'une maison. Le
. **toit** se projette de tous les côtés au delà de la **cir-**

conférence du nid ; ce dernier a presque la forme d'un dôme.

Une autre fourmi, la fourmi verte des voyageurs, construit également un nid arrondi ayant vingt-deux centimètres de diamètre. Il se compose de feuilles que les fourmis ont coupées et mastiquées de manière à les réduire en une pâte grossière, et pend au milieu d'un épais feuillage. Il est soutenu non-seulement par les branches, mais aussi par des feuilles non détachées que les fourmis font entrer dans la pâte. Ce nid se distingue aisément de celui des crematogaster par son extérieur uni et régulier. Gare au voyageur qui heurterait par malheur un de ces nids ! Les fourmis tombent sur lui comme des grêlons, cherchant à le mordre et s'insinuant dans le cou avec une remarquable adresse.

L'abispea d'Australie appartient à la famille des guêpes. Son nid n'a que huit à onze centimètres de diamètre ; il est fait d'argile pétri et mastiqué par l'insecte au point de le rendre tout à fait imperméable. Un tube assez court, pareil à celui de quelques nids suspendus, sert d'entrée et se prolonge de trois centimètres environ dans l'intérieur, peut-être dans le but d'empêcher les jeunes insectes de tomber hors de la demeure avant qu'ils aient la force de s'engager dans le combat de la vie. Le nid est plat à sa base et ressemble à un dé. Une suite de cellules s'attache au plafond sans régularité aucune. Chose remarquable, on n'a jamais vu qu'une seule guêpe occupée à construire le nid ou à l'arranger à l'intérieur.

Un nid suspendu, très digne d'appeler l'attention, est construit par le tatua moris, de la famille d es guêpes. Il se compose d'une substance semblable à du papier et que toutes les guêpes emploient, mais dans le cas présent, elle offre la dureté du carton blanc. Le nid a la forme d'un pain de sucre. L'inté-

Nid de tatua moris.

rieur est tellement dur et uni que le nid résiste parfaitement aux violents ouragans et aux pluies torrentielles de l'Amérique centrale, pays où il se trouve. Le nombre des étages des cellules varie selon le caprice ou les besoins de l'architecte ; dans un bon spécimen du Musée britannique, on en compte seulement quatre. Ils sont tous traversés par une ouverture centrale qui sert d'entrée à l'insecte.

Nous avons déjà parlé de la guêpe commune parmi les insectes qui se terrent : nous allons maintenant la considérer comme constructeur de nids suspendus.

Il y a dans le beau musée d'Oxford un objet qui attire l'attention de tous les visiteurs, qu'ils soient entomologistes ou non. C'est une vitrine carrée, ayant un mètre trente centimètres de haut sur soixante - dix de large, et que remplit presque entièrement un seul nid de guêpes. Celui ci présente l'aspect d'un navet monstre. Il fut trouvé le 18 juillet 1857 à Cokethorpe Park, dans le comté d'Oxford, et ne mesurait alors que douze centimètres de diamètre.

On le suspendit à une fenêtre du rez-de-chaussée d'une maison, afin de faciliter aux guêpes les moyens de se procurer leur nourriture; du reste cet arrangement n'offrait aucun danger, car ces insectes, à moins qu'on ne les irrite, ne cherchent pas à faire du mal et se laissent élever comme les abeilles. Afin de stimuler le zèle des ouvrières, on donnait tous les jours aux guêpes un mélange composé d'une livre de sucre et d'une pinte de bière. Sous l'influence de cette abondante nourriture, la construction faisait de rapides progrès, lorsque soudain il arriva un surcroit d'ouvrières. On avait placé à l'étage supérieur deux autres nids de guêpes, mais sans donner à manger aux travailleuses. Celles-ci quittèrent leur demeure vers la fin du mois d'août et s'unirent aux guêpes du rez-de-chaussée. Sous les efforts réunis des trois colonies, le nid atteignit bientôt les proportions gigantesques qui en font un objet d'histoire naturelle très remarquable. La forme n'en est pas bien régulière ; l'entrée se trouve en bas et un peu sur le côté.

Le nid du tatua moris décrit plus haut, ne doit pas être confondu avec celui de la guêpe cartonnière quoique les deux insectes vivent dans le même pays et que leurs habitations se ressemblent ; mais en l'examinant avec attention on voit au nid de la cartonnière une remarquable addition : le trou par lequel passe la branche qui le supporte est très-grand, de façon à permettre au nid de se balancer au vent. Dans la plupart des specimens, le trou est simplement fait dans la partie supérieure de la construction ; mais parfois on dirait un véritable anneau, attaché au sommet. Ces nids diffèrent beaucoup par leurs diverses grandeurs ; car, alors que les circonstances l'exigent, les guêpes savent parfaitement agrandir leur demeure sans nuire en rien à sa symétrie. La population étant devenue trop considérable, elles ajoutent à la base une nouvelle série de cellules, ayant soin d'en construire un plus grand nombre de manière que l'édifice, tout en gagnant en hauteur augmente également de diamètre. Puis elles construisent le mur extérieur qui doit contenir le nouvel étage et ferment ce dernier à sa base.

Ces nids ont donc un caractère de permanence. Les guêpes de nos pays n'occupent leur demeure qu'une seule saison, puis elles l'abandonnent. Le nid de la cartonnière mesure, en moyenne, trente-quatre centimètres de hauteur, mais sous des circonstances favorables et lorsque rien n'a troublé la colonie, il atteint parfois des proportions gigantesques. Un nid qu'on a trouvé dans l'île de Ceylan attaché à une feuille monstre de palmier, mesurait deux mètres de hauteur.

Le musée du Jardin des Plantes à Paris possède un nid fait par une guêpe d'une espèce qui diffère peu de la précédente ; il a dix-huit centimètres de diamètre, et par son extérieur dur et poli ressemble plutôt à de la terre cuite qu'à une masse de fibres végétales.

Deux espèces de guêpes des régions tropicales de l'Amérique se font remarquer par leur faculté de produire du miel. L'une d'elles, la myrapetra, construit un nid d'un brun foncé dont le tissu ressemble à du papier mâché très grossier, mais que le microscope résout en fibres végétales. L'extérieur est garni d'un grand nombre de saillies à forme tuberculeuse et à bout aigu dont le but n'a pas encore été déterminé. Cependant, comme le nid ne pend qu'à un mètre et demie du sol environ, quelques auteurs supposent qu'elles servent à le défendre des attaques des mammifères, chasseurs de larves et de miel. L'explication paraît assez rationnelle, mais elles servent également à cacher l'entrée qui se dissimule sous une rangée de saillies et ne laisse par conséquent aucun accès aux pluies si abondantes des zônes tropicales. Le nid que le

Musée Britannique possède est rempli de rayons, tous courbés et s'adaptant très bien à la forme générale du nid. Au sommet se trouve une masse globulaire, semblable à une pâte de papier brun et constituant le noyau de l'édifice. Les rayons s'attachent aux parois du nid, excepté dans quelques endroits laissés libres, pour permettre aux guêpes de visiter les différents étages des cellules. La profon-

Nid de la guêpe myrapetra.

deur de ces dernières, ainsi que l'épaisseur des rayons, varie selon la position qu'elles occupent; les plus grandes se trouvent en haut et les plus petites en bas. Elles se composent des mêmes matériaux que tout le reste. En ouvrant ce nid on trouve dans les rayons supérieurs du miel dur et sec, d'un brun rougeâtre et sans odeur ni saveur. De Azara, officier espagnol envoyé au Paraguay en 1780 pour dresser la carte du pays, raconte dans la narration de son voyage publiée en 1801, qu'il s'est senti incommodé ainsi que ses hommes, pour avoir mangé le miel de la guêpe myrapetra. Une autre espèce de guêpe à miel a été découverte au Brésil par M. Geoffroy St-Hilaire; selon ce savant, elle accumule dans son nid de grandes provisions de miel qu'elle récolte sur des plantes vénéneuses et qui, par ce fait, devient nuisible à l'homme.

Une autre guêpe cache son nid dans les profondeurs des forêts brésiliennes au sein d'une abondante végétation. Son nid est loin d'être aussi beau que celui de l'espèce précédente ; les rayons s'y trouvent empilés sans ordre apparent. L'insecte paraît s'être borné à leur donner la forme ronde qu'exige le nid. L'entrée est très petite, et quand on considère les proportions respectives de l'édifice et de celles qui l'habitent, on se demande comment elles ne s'égarent pas dans les passages au milieu des détours compliqués qui mènent d'un rayon à l'autre. Cette guêpe ressemble à l'abeille; elle ne mesure que sept à huit millimètres. Le nid est toujours suspendu près du sol comme celui de la myrapetra, mais sans les saillies qui garnissent ce dernier. Les cellules de ces deux espèces étant destinées à contenir du miel, elles ont les parois beaucoup plus fortes que chez les guêpes ou les frelons de nos pays.

Les abeilles sauvages, dont il existe plusieurs espèces, font généralement leur nid dans **un creux** d'arbre, mais celles de certaines parties de l'Amérique centrale font exception à la règle. Il s'y trouve un genre appelé Trigona, dont les membres construisent un nid assez grand en forme de poire et le suspendent au sommet même des arbres et aux branches les plus minces, de manière à être hors de l'atteinte des singes les plus agiles. On dit le miel de cette abeille tellement sucré et savoureux qu'on n'en peut prendre que très peu à la fois.

Un insecte, qu'on pourrait aussi classer parmi les insectes parasites ou communistes, mérite, à cause de son nid suspendu, d'être cité ici : c'est l'ichneumon. A son complet développement, il ressemble à un petit moucheron, mais placé sous un microscope ordinaire il est d'une merveilleuse beauté qui réside surtout dans les ailes. A l'œil nu, elles se présentent comme des appendices incolores transparents ; au bord des deux ailes supérieures, se voit une petite tache blanche. Une de ces dernières vue avec un verre légèrement grossissant, a l'apparence d'une membrane translucide que des verres plus forts nous montrent double ; de nombreuses nervures la traversent et la divisent en compartiments. Des poils très petits et placés à intervalles réguliers couvrent toute la surface, et, comme ce sont de véritables prismes, ils décomposent la lumière.

Au bord extérieur de l'aile, se trouve une tache noire triangulaire, opaque et faisant ressortir les magnifiques couleurs qui l'environnent. Un jaune pâle s'étend sur la partie supérieure et arrive par des transitions imperceptibles jusqu'au rose carmin; là, apparaît une teinte bleue, d'abord pourpre puis azurée. Une nervure tranche brusquement les couleurs et une des grandes cellules se présente au regard. Là, les couleurs au lieu d'être adoucies comme dans la partie supérieure, brillent d'un éclat éblouissant. Un vert émeraude entoure toute la cellule, dans laquelle on remarque trois centres distincts de coloration qui semble la partager en trois. La division supérieure se compose d'une large tache d'émeraude, se changeant vers le centre par une dégradation à peine sensible en une teinte de vert d'or ; puis une tache d'un rouge rubis, bordée d'un côté d'azur et de l'autre d'un jaune d'or. La dernière division est presque entièrement bleue, passant vers les bords au rouge rubis et au jaune or. Cette cellule contient par conséquent trois centres de couleur dont chacune se compose d'une des trois premières couleurs et passe graduellement aux teintes secondaires et tertiaires. La cellule à côté se colore de la même manière, à cette exception près, que les couleurs centrales de la précédente cellule se trouvent ici sur la circonférence.

L'ichneumon a des membres excessivement longs et forts; les deux jambes de derrière se font surtout remarquer par un développement hors de toute proportion avec le reste du corps, en voici la raison: quand cet insecte veut pondre ses œufs, il se pose sur une chenille, lui enfonce sa tarière et coule un œuf dans la plaie qu'il vient de faire. La chenille a beau se débattre, l'ichneumon étreint sa victime au moyen de ses longues pattes. Les larves vivent dans le corps de la chenille jusqu'à leur complet développement; puis elles percent la peau de toutes parts et s'installent sur une petite branche pour y filer leurs nombreux cocons. Ceux-ci, de forme cylindrique, sont attachés les uns aux autres et font une masse un peu plate dont le volume varie selon la quantité des cocons. Dans un spécimen de ma collection, j'en ai compté cent-dix-sept. Le tissu des cocons est tellement serré que la pluie n'y pénètre pas. Les cellules les plus grandes occupent le centre de la masse ; les autres, de dimensions beaucoup moindres, ne forment qu'un cinquième de la totalité. Nous devons conclure, d'après ce que nous connaissons des mœurs de la plupart des hyménoptères, que les premières servent de demeure aux femelles et que les autres sont pour les mâles.

Un cocon suspendu, très remarquable, est dû à la larve d'une autre espèce d'ichneumons, appartenant au genre cryptus. Ces insectes construisent des cocons très variés ; on en voit de blancs, de jaunes, d'autres qui sont rayés ou pointillés de noir. Un fil, long de plusieurs centimètres, attache le cocon à une branche ou à une feuille. Réaumur, qui a découvert ces curieux objets, assure qu'en plaçant un cocon sur une table, il s'élance à une distance de quelques centimètres ; l'insecte probablement courbe son corps, puis le redresse. Le même savant considérait ces ichneumons comme les parasites des chenilles processionnaires, près des nids desquelles on les trouve en grandes quantités.

Notre dernier exemple de nid suspendu pour les hyménoptères mérite une attention particulière- Nous l'empruntons au genre des Polistes. Ces in. sectes construisent des cellules en plein air sans les couvrir. Les rayons varient beaucoup de forme et de dimension. Quelques espèces suspendent leur

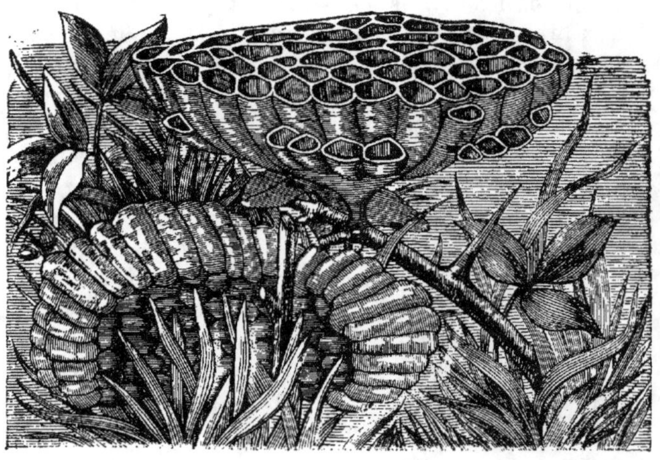

Nid de Polistes.

rayon à une branche passant par la partie supérieure ; d'autres construisent avec de la vase des cellules presque globulaires qu'elles fixent aux branches comme autant de baies. L'espèce qui nous occupe, fait un rayon à peu près sphérique ; il est représenté dans le haut de notre gravure. Les cellules se font remarquer par leur forme rayonnante

la base en étant un peu moindre que l'ouverture.
Les plus longues se trouvent au milieu. Le second
spécimen de la gravure n'est pas sphérique, il est
plus large que long et parait résulter de la réunion
de deux rayons circulaires.

Voici la partie la plus extraordinaire de la construction ; les rayons ne se fixent pas directement
aux branches ; un pied partant du centre les y attache au moyen d'un ciment, problème d'équilibre que l'insecte résout dans la perfection. Les pieds
se composent des mêmes matériaux que les cellules,
c'est-à-dire d'une espèce de papier mâché. Ces nids
viennent de Barcilly, dans les Indes Orientales.

Ayant terminé notre revue des hyménoptères,
nous passons à un autre ordre d'insectes. On ne
s'attend guère à trouver des coléoptères parmi les
insectes à nids suspendus ; cependant quelques rares espèces appartenant toutes à un seul genre rentrent dans cette catégorie. C'est le genre des cur-
culionides ou charançons. Deux espèces se distinguent par la beauté de leurs cocons. Le lecteur
pourra s'en convaincre en semant du bouillon blanc
dans un terrain léger. Des coléoptères du genre
cionus se nourrissent de cette plante et ne la
quittent pas au moment de se changer en larve.
Ils l'aiment tellement qu'on a trouvé sur un seul
pied les cinq espèces du genre.

Au mois d'août, on rencontre les larves sur les
fleurs des graines ; une espèce se cache entre les
deux membranes d'une feuille dont elle mange le
parenchyme. Les cocons sont très petits, de la

grosseur et de la forme d'un pois de senteur. Ils
se composent d'un fil glutineux et un peu raide,
tissé en mailles rondes, tellement grandes qu'on
aperçoit la nymphe à travers. Les cocons du genre
hypera sont faits du même fil à larges mailles,
mais ils affectent la forme ovale. Dans les deux cas,
les cocons s'attachent à la partie inférieure d'une
feuille et par là échappent aisément à la vue. Au
Musée Britannique on voit une belle collection de
ces cocons adhérant aux feuilles desséchées dont
l'insecte se nourrissait.

Nous arrivons maintenant aux lépidoptères à
nids suspendus, qui appartiennent tous aux bombyx.

Un des cocons les plus remarquables est filé
par le grand paon. Ce bombyx se distingue par
des ailes très larges, où se mêlent le brun, le
gris, le rouge ; on y voit quatre grands yeux
bien nuancés. La larve l'égale presque en beauté,
phénomène peu commun chez les lépidoptères.
La chenille, d'un beau vert, à anneaux profondément marqués, a sur le corps des tubercules garnies
de poils jaunes. Cet insecte file un cocon dont la
rare beauté échappe à un observateur superfi-
ciel. Il y a vingt ans, au début de mes études
entomologiques, sans livres pour me guider, j'en-
fermais toutes les chenilles que je rencontrais, afin
de connaître l'insecte qui en sortirait. Parmi elles
s'en trouva une dont le beau vert et les poils jaunes
me frappèrent. Je la mis dans une boîte à part, où
elle se fit bientôt un cocon en forme de poire, assez

rude à l'extérieur. Peu de temps après je trouvai dans la boîte un beau bombyx ; mais je ne pouvais m'expliquer comment il y était entré, car le cocon paraissait complétement intact et n'offrait aucun indice de la sortie d'un insecte. Ce ne fut qu'après l'avoir ouvert avec précaution que je découvris le mystère. La poire se compose d'un tissu de poils bruns collés les uns contre les autres, mais la pointe est garnie intérieurement de poils non collés et se croisant un peu ; ceux-ci cèdent à l'insecte quand il sort, puis reprennent leur place. Mais dès que quelque insecte cherche à pénétrer du dehors dans la coque, les poils convergents se resserrent davantage et présentent un obstacle insurmontable. On ne peut observer cette admirable structure qu'après avoir enlevé une première enveloppe d'une soie jaunâtre.

Le bombyx de l'ailanthe produit beaucoup de soie. Cet insecte vit sur l'ailanthe glanduleux, arbre importé de Chine et qui prospère admirablement en plein air. Quand on l'a nourri pendant quelque temps après son éclosion, comme le ver à soie, il est placé sur l'arbre qu'il ne quitte pas et aux branches duquel il file son cocon. Ce bombyx est d'un jaune un peu gris avec quelques taches noires et blanches.

Une autre espèce de la même famille montre beaucoup d'art dans la manière de suspendre sa coque. C'est l'insecte appelé *saturnia promethea*, et qui vit sur le sassafras de l'Amérique du Nord. Il place sa coque dans une feuille au moyen d'un tissu solide; mais comme la feuille pourrait tomber avant la sortie de l'insecte, il l'attache à la branche en passant autour du pétiole plusieurs fils de soie; la feuille alors aura beau se dessécher et se détacher, elle ne peut pas tomber à terre.

Le bombyx constructeur, dont les longues habitations pendantes sont vues avec déplaisir par tous les amateurs de jardins, est très-commun aux Indes Occidentales. Nous avons choisi cette espèce comme étant la plus remarquable des cinq dont le genre se compose. Elle se fait une demeure avec des bouts de bois, des débris de feuilles qu'elle lie ensemble au moyen de ces fils de soie communs à tant de chenilles, qu'elles appartiennent aux papillons ou aux bombyx, et se tient habituellement à moitié sortie de son nid.

Cette construction est assez élastique; elle s'élargit un peu à l'ouverture qui peut être resserrée au moyen de fils partant de la circonférence. Ainsi, en cas d'attaque, la chenille peut se défendre de deux manières : si elle est encore attachée à sa branche, elle n'a qu'à se retirer dans sa demeure et à fermer complétement l'ouverture en poussant fortement contre la branche; si elle est détachée, elle peut resserrer les deux bords et s'enfermer comme dans une boîte.

Elle y demeure comme larve et comme chrysalide, quelquefois même pendant toute la durée de sa vie. Dès qu'elle cesse de manger, la chenille se retire dans son nid, en ferme l'ouverture et, se dé-

pouillant de sa dernière peau, y attend sa métamorphose en insecte parfait. Si c'est un bombyx
mâle qui éclot, il prend son vol et se met à la recherche d'une compagne, chose facile à la plupart
des insectes. Mais le bombyx constructeur rencontre des obstacles particuliers. Il la trouve, guidé
sans doute par l'instinct, car la femelle reste
toujours enfermée dans sa cellule sans jamais la
quitter, n'ayant aucun moyen de locomotion. Les
ailes lui manquent totalement, les jambes et les
antennes sont à peine indiquées. Dans l'état
parfait on la prendrait plutôt pour une larve couverte de duvet.

Le bombyx du chêne fournit un autre exemple de
coque suspendue. Celle-ci, de la forme d'un œuf,
se compose d'une substance mince, dure et assez
fragile ; des fils de soie, très peu serrés, la garnissent à l'extérieur et servent à la suspendre à une
plante. La manière ingénieuse dont l'insecte se
case dans un espace assez restreint mérite une description spéciale. En ouvrant un cocon dans sa longueur on voit la chrysalide l'occuper tout entier ;
la dépouille de la larve est poussée vers l'abdomen
qu'elle entoure de ses plis, de façon à tenir le moins
de place possible. A sa sortie, le bombyx fait un
assez grand trou dans le bout le plus près de la tête
et se dégage facilement de son enveloppe de chrysalide en soulevant une grande calotte qui couvre
la tête et les jambes et s'ouvre à la ligne de dé-
marcation des ailes. Par suite de cet arrangement
les dépouilles de la larve et de la nymphe res-

tent à la même place, et il est facile avec un peu d'adresse d'abaisser et de rattacher la calotte, sans qu'il reste aucun indice de la sortie de l'insecte parfait·

M. Bates, dans son livre sur l'histoire naturelle du fleuve des Amazones, rend compte en ces termes d'une coque de lépidoptère suspendue par un seul fil :

« La chenille d'un bombyx couleur ardoise se file une coque, grosse comme un œuf de moineau, avec les fils d'une soie jaune ou rose; il l'attache au moyen d'un fil de quinze ou seize centimètres à l'extrémité d'une feuille saillante. Dans les étroits sentiers des forêts, l'œil est immédiatement attiré vers cet objet ; à chaque bout se trouve un petit orifice qui facilite la sortie de l'insecte parfait. Pour commencer son travail, la chenille se laisse descendre de l'extrémité de la feuille qu'elle a choisie en filant un fil dont la grosseur augmente graduellement. Après lui avoir donné la longueur voulue, elle se met à tisser la coque en se plaçant au centre et filant des cercles de soie à intervalles réguliers, elle les réunit au moyen de fils libres, de façon à ce que toute la construction présente un tissu à mailles quadrangulaires et ayant à peu près la même ouverture. Ce travail dure quatre jours ; la chenille emprisonnée devient indolente, la peau se recroqueville, se fend, et il ne reste qu'une chrysalide sans mouvements. »

Une ou deux espèces de lépidoptères de nos pays coupent des feuilles, non pour les manger, mais pour les employer dans la construction de leur coque. Ce sont des bombyx appelés vulgairement bombyx du tithymale, parcequ'ils vivent sur cette plante. Une de ces espèces fait un nid suspendu très remarquable avec les feuilles du tithymale à feuilles de cyprès, plante vivace assez rare, de trente-cinq centimètres de haut et qui croît sur la lisière des bois et près des champs. Les feuilles de la tige sont lancéolées et celles des branches sont presque linéaires ; l'insecte fait usage des dernières.

C'est vers le mois d'octobre que la chenille commence son travail. Détachant une feuille d'une branche, elle en attache un bout à la tige, puis elle la recourbe de manière à laisser une petite ouverture, et fixe l'autre bout de la même façon. Après en avoir assujeti ainsi un certain nombre parallèlement, elle les relie par un fort tissu et la coque prend la forme d'un sac attaché verticalement et d'un côté à la tige de la plante. Cette chenille a des raies longitudinales blanches, rouges et brunes, rehaussées de noir : elle porte à chaque anneau quelques touffes de poil.

Nous arrivons maintenant à l'énorme variété des chenilles appelées tordeuses, rouleuses, plieuses, parcequ'elles s'établissent dans les feuilles et les roulent de différentes façons. Les unes n'emploient qu'une seule feuille, les autres deux et plus. Parmi les premières, quelques-unes roulent la feuille en longeur en attachant les deux bords : d'autres la roulent en largeur et fixent les bords à la ner-

vure du milieu. Ces chenilles appartiennent à de
nombreuses espèces ; elles sont très abondantes et
tellement petites que leur travail devient une vraie
merveille. Elles prospèrent surtout par un temps
doux et pluvieux, parce qu'alors les feuilles se laissent aisément rouler et contiennent une ample
nourriture.

L'une d'elles, la chenille d'un papillon nocture,
cause souvent par sa grande abondance d'énormes ravages dans les forêts de chênes où une
feuille à peine échappe à la destruction. Comme
toutes les chenilles rouleuses, elle se nourrit du
parenchyme dont elle se régale sans crainte à
l'abri de sa demeure tubulaire. Elle ne s'effraie
même guère des petits oiseaux ; dès qu'elle voit un
bec pénétrer dans le cylindre, elle sort avec précipitation par l'autre bout et se laisse tomber suspendue à un fil.

Quand ces insectes se trouvent réunis en grand
nombre, on peut produire un effet assez diver-
tissant en frappant, avec un bâton, les branches
d'un chêne. Des centaines de petites chenilles
sortent alors en grande hâte des feuilles, ayant
chacune un fil à la bouche et en se laissant tomber
par secousses. Les plus craintives descendent jusque sur le sol, mais la plus grande partie reste
à la même hauteur. Un second coup les amène
à cinquante ou soixante centimètres plus bas,
car l'ébranlement se communique jusqu'au bout
de chaque fil ; en redoublant on les amène
enfin à terre. Elles y resteront longtemps, mais

bientôt une chenille plus hardie commencera un mouvement ascensionnel tout le long de son propre fil presque invisible, les autres l'imiteront, et, si on les laisse faire, elles auront bien vite regagné leurs cellules. S'il fait du vent, le spectacle est encore plus curieux : les chenilles décrivent alors de grands arcs sans être le moins du monde embarrassées ; elles remontent avec aisance le long de leur branche, comme si, au lieu d'être violemment agitées dans l'air, elles se tenaient immobiles dans une position verticale.

Les dégâts causés parmi les lilas sont dus, surtout, à un petit insecte de couleur chocolat, appelé la pyrale du lilas. Je me bornerai à parler des forces mécaniques exigées pour rouler la feuille. En examinant une de ces feuilles, le lecteur verra que la forme cylindrique est maintenue au moyen d'une rangée de fils, dont la force consiste dans leur collectivité. Ceci peut se comprendre, mais la manière de faire le cylindre paraît moins claire. Voici comment procède la chenille, grosse comme un I majuscule : elle file un grand nombre de fils qu'elle attache par un bout à la pointe et aux bords supérieurs et par l'autre au milieu de la feuille. Puis elle se livre à un travail semblable à celui qui se fait à bord d'un navire pour hâler un cordage. Dans ce dernier cas, il faut deux hommes dont l'un tire le cordage à angle droit, tandis que l'autre ne cesse de l'amarrer aux taquets. La chenille accomplit, à elle seule, la même opération ; ses pattes lui servent pour tirer les fils et sa filière pour l'amarrer. A force de tirer et de serrer chaque fil successivement, elle plie légèrement la feuille et ajoute une nouvelle série de fils pour la maintenir dans cette position. Ce travail souvent répété finit par produire un cylindre creux. Dès que la chenille est entrée dans sa nouvelle demeure, elle commence par manger le parenchyme et laisse généralement les nervures intactes. Sa vie est quelquefois de si courte durée qu'une seule feuille suffit à sa nourriture ; mais il y a des espèces qui sont obligées de se refaire plusieurs demeures.

Nous allons terminer cette nomenclature d'insectes à habitations suspendues par des observations sur quelques espèces d'araignées. Disons d'abord que si les fils des araignées ressemblent sous certains rapports à ceux des chenilles, ils en diffèrent totalement sous d'autres ; dans les deux cas, ils se forment d'une sécrétion à moitié liquide d'organes intérieurs qui, passant à la volonté de l'insecte par des ouvertures très petites, se durcit au contact de l'air.

Là cesse la ressemblance. Les fils de la chenille sont doubles, ou plutôt se composent de deux lignes réunies dans toute leur longueur et provenant d'un organe sécréteur placé aux côtés de l'insecte ; elles se rencontrent dans la bouche où elles se confondent en passant par un conduit qui leur est commun. Les fils de l'araignée sont beaucoup plus complets ; chacun d'eux est formé par un grand nombre de lignes ténues et provenant des mamelons placés au dessous de l'extrémité de l'abdomen. Ceux-ci, disposés par couples, sont au nombre de quatre, six ou huit. Ils varient d'aspect mais la forme arrondie domine. Ils sont couverts d'une multitude d'appendices très menues et semblables à des cheveux. Ce sont les conduits par où passe le liquide ; toutes les lignes qui en proviennent se réunissent en un seul fil qui possède ainsi une grande force.

L'araignée la plus connue est l'araignée diadème ou l'araignée des jardins, dont la toile est fabriquée avec un art merveilleux. Elle établit d'abord un cadre de fils très forts entre lesquels elle tisse la toile. Il en résulte une grande élasticité ; les fils cèdent sans rompre à une pression assez forte. Cette qualité devient nécessaire pour leur permettre de résister au vent. Les araignées emploient aussi un singulier moyen pour fortifier leur toile, quand le vent souffle avec plus de violence que de coutume. Pour lui donner la stabilité voulue, elles y attachent des morceaux de pierre, de bois ou d'autres substances. J'ai vu une araignée diadème haler un fragment de bois long de cinq centimètres et gros comme un crayon à une hauteur de un mètre et demi et répéter une seconde fois l'opération, les fils s'étant rompus lorsqu'elle avait presque atteint le but.

La structure de la toile est très remarquable. De forme presque circulaire, elle se compose de fils droits, partant d'un centre commun et autour desquels l'insecte conduit d'autres fils en cercles assez rapprochés les uns des autres, avec une régularité égale à celle du compas. Ces deux genres de fils, vus à la loupe, présentent des caractères différents; les rayons sont unis et peu élastiques, tandis que les cercles sont garnis en profusion de petites protubérances et possèdent l'élasticité du caoutchouc. La bonté de la toile est due aux protubérances qui se composent d'une matière visqueuse et adhérente, et servent à arrêter par les ailes ou les pattes tout insecte qui toucherait à la toile. Voici ce que dit M. Blackwell dans son magnifique ouvrage sur les araignées de notre pays :

« L'évaluation du nombre des globules visqueux distribués sur le fil circulaire d'une toile d'*epeira apoclisa* de moyenne grandeur donnera une idée du remarquable travail qu'accomplit l'insecte en construisant son piége. La moyenne de la distance entre deux rayons contigus d'une toile de cette espèce est d'environ sept millimètres ; donc si l'on multiplie sept par vingt, nombre moyen des globules sur un ou deux millimètres du fil élastique circulaire pris à sa tension ordinaïre, on obtient cent - quarante, nombre des globules disposés sur une longueur de sept millimètres. Ce produit multiplié par vingt-quatre, nombre moyen des circonvolutions du fil élastique, donne pour résultat trois-mille-trois-cent-soixante, nombre des globules contenus entre deux rayons. En multipliant trois-mille-trois-cent-soixante par vingt-six, moyenne des rayons, on arrive à quatre-vingt-sept mille-trois-cent-soixante, quantité des globules d'une toile de dimension ordinaire. "

La sécrétion du liquide est une affaire de temps; en conséquence si l'araignée a dû filer rapidement plusieurs toiles, elle se trouve épuisée et il ne lui reste d'autre ressource que de s'emparer de force de la demeure d'une araignée plus faible. Aussi voyons-nous ces insectes très avares de leurs soies; jamais elles ne songeront à filer une toile quand le temps menace de devenir mauvais. On peut les consulter comme un baromètre et s'attendre à un changement de température favorable et prochain, si on les voit raccommoder ou filer leur toile. L'araignée, ayant les yeux placés sur le devant du corps et en haut, tandis que les mamelons occupent la surface inférieure à l'extrémité opposée, n'est guidée dans la construction de sa demeure que par le sens du toucher. En examinant une araignée des jardins, on la verra toujours conduire les fils au moyen des pattes de derrière. Pour mettre ce fait hors de doute, on a enfermé plusieurs de ces insectes dans une obscurité complète; cependant les toiles tissées par elles présentaient la même précision mathématique que celles faites au grand jour.

Une coque suspendue très remarquable est due à une araignée commune de notre pays qui n'a pour la distinguer qu'un nom scientifique *agelena brunnea*. On la trouve surtout dans les landes où croissent des ajoncs aux feuilles épineuses après lesquelles elle aime à attacher sa coque qui ne me-

sure que six millimètres de diamètre **et ressemble** à un verre à vin qu'on aurait suspendu par le pied. Quand elle vient d'être achevée, cette coque se fait remarquer par sa parfaite blancheur, mais aussitôt que l'araignée y a pondu ses œufs sphériques, au nombre d'une cinquantaine, elle la barbouille avec de la terre détrempée. Par ce procédé elle la cache et met ses œufs à l'abri des attaques d'autres insectes.

Une espèce différente, mais appartenant à la même famille, file une coque en forme de sac et y dépose ses œufs. Elle en dissimule également la blancheur sous des fragments de feuilles, d'écorce, etc. En ouvrant un de ces cocons on en trouve un second et quelquefois un troisième ; ces derniers qui contiennent les œufs s'attachent à l'intérieur du sac par des fils très forts. Cette espèce se tient aussi sur les ajoncs ; elle y tend une toile horizontale, garnie d'un tube cylindrique au bout duquel elle se tient.

LES CONSTRUCTEURS.

Constructeurs mammifères. — La gerboise kanguroo. Son nid.
Moyen de transport. — Le bandicourt à oreilles de lapin. —
L'ondatra. Son terrier.

Les mammifères en général ne font pas preuve
d'un grand goût artistique dans la construction de
leurs demeures, quoiqu'ils surpassent les autres
vertébrés lorsqu'il s'agit de creuser un terrier. La
taupe excelle sous les deux rapports. Notre liste
de mammifères constructeurs sera nécessairement
courte et contiendra trois espèces, dont deux habitent l'Australie et la troisième l'Amérique.

Citons d'abord le bettong pénicillé appelé aussi
gerboise kanguroo. Le mot bettong est le nom indigène d'un groupe de petits kanguroos reconnaissa-
bles à la forme de la tête, qu'ils ont courte, grosse et

ronde. La gerboise kanguroo est de la grandeur du lièvre ; sa queue, longue d'un pied, se termine par une touffe épaisse de poils noirs. C'est un animal très-actif, aux formes élégantes ; son pelage, dont les couleurs offrent un agréable contraste, est brun sur le dos, entremêlé de blanc et d'un gris clair sous le ventre. Une partie de la demeure est creusée dans le sol, l'autre s'élève un peu au dessus. Pour l'établir, le bettong choisit près d'une touffe d'herbe, un abaissement dans le sol, qui sert de fondation à son nid et qu'il couvre d'un toit d'herbes, de feuilles, etc. Il a soin que ce dernier ne dépasse pas l'herbe environnante et que rien ne le distingue. Le voisinage ne fournit pas toujours une herbe suffisamment longue ; le bettong en cherche alors ailleurs et la transporte d'une façon à peine croyable, si des témoins sérieux n'affirmaient pas le fait. Après avoir fait une provision d'herbes, du reste assez mince, l'animal l'enroule en forme de botte avec sa queue, et la porte ainsi en bondissant jusqu'au nid. Lorsqu'il est achevé, la femelle, quand elle sort, en ferme l'entrée avec une touffe d'herbes.

L'œil d'un Européen ne saurait distinguer dans l'herbe la demeure du bettong, mais il est rare que l'indigène ne la découvre pas, et, sûr de la présence de l'animal qui ne sort que la nuit, il le tue ou l'étourdit d'un coup de tomahawk.

Le second des mammifères constructeurs appartient également à l'Australie ; c'est le bandicourt à oreilles de lapin, singulière petite créature de la grosseur du lapin, à qui elle ressemble par les oreil-

les. A cause de la longueur des jambes de derrière,
elle sautille plutôt qu'elle ne marche, et en cas de
danger s'enfuit par bonds rapides. Son habitation
ne diffère pas beaucoup de celle du bettong; comme
celle-ci, le bandicourt la construit avec de l'herbe
et des feuilles, à l'abri d'une touffe d'herbes ou d'un
buisson. Il habite la Nouvelle-Galles du Sud et on
le rencontre plus particulièrement sur les bords de
la rivière Murray. Lui aussi bâtit son habitation
de manière à ce que rien ne la distingue des objets
environnants.

Notre dernier exemple de mammifères constructeurs nous est fourni par l'ondatra de l'Amérique
du Nord, appelé aussi rat musqué. Nous aurions
pu classer cet animal parmi les mammifères se
terrant, mais comme il est doué aussi de la faculté
de construire, nous l'avons réservé pour ce chapitre.

Presque semblable au castor, on le trouve comme
celui-ci dans l'eau ou sur les bords d'une rivière. Il
nage et plonge avec facilité, ayant les pieds de derrière garnis d'une membrane interdigitale. Il creuse
sur les bords des galeries nombreuses, dont quelques-unes ont souvent de quinze à vingt mètres de
longueur ; elles montent en pente douce pour se
réunir dans une seule chambre où logent les habitants. Les diverses entrées sont placées sous l'eau.
Lorsque l'animal se trouve dans un terrain marécageux et constamment humide, il se fait constructeur et bâtit un édifice semblable à une petite
meule de foin. On en rencontre quelquefois qui ont
trois ou quatre pieds de hauteur.

On lui fait la chasse à cause de sa fourrure et de sa chair qui ressemble à celle du canard. Le rat musqué amasse, dans sa demeure souterraine, des provisions considérables ; on y a vu des navets, des panais, des carottes et même du maïs. Cet animal ne mesure que trente-cinq centimètres.

XVI

LES OISEAUX CONSTRUCTEURS.

L'oiseau à four. Son nid. Architecture intérieure. — Le gral.
lina pie. — L'hirondelle fée. — L'hirondelle à gorge fauve.
Mœurs de cet oiseau. — L'hirondelle à ventre fauve. Nid sup-
plémentaire. Croyances populaires. — Le martinet. — Insectes
parasites. — L'hirondelle de cheminée. Différence entre son.
nid et celui du martinet. — Le tallegallu. Nid monstrueux
Ponte et éclosion. Merveilleux instinct. — La poule des jungles.
— Le leipoa ou faisan d'Australie.

Parmi les oiseaux constructeurs on remarque surtout une espèce qui laisse loin derrière elle toutes
les autres; c'est l'oiseau à four, ainsi nommé à
cause de la forme de son nid et des matériaux dont
il se compose.

Cet oiseau appartient à la famille des certhides,
et par conséquent se rapproche beaucoup du grimpereau de nos pays. Il fréquente surtout les bords
des rivières de l'Amérique du Sud, où on le voit
sans cesse en mouvement, courant à terre ou volti-

geant, de buisson en buisson, à la chasse des insectes. Il est de la grosseur d'une alouette, a le plumage brun et ne se laisse pas intimider par la présence de l'homme. Son nid offre un spécimen fort
curieux de l'architecture d'un oiseau. Il se compose
de vase ramassée le long des rivières, qu'il épaissit
en y ajoutant de l'herbe, des fibres et des tiges de

Nid d'oiseaux à four.

plantes. Cette construction durcit aux rayons du soleil, et quand elle est tout à fait cuite, ressemble
plutôt au travail d'un apprenti potier qu'à un
nid. Elle acquiert, sous l'influence d'un soleil tropi-
cal, la dureté de la brique. Elle est ronde, en forme
de dôme, avec une entrée sur le côté. L'oiseau semble indifférent au choix d'une localité et ne prend

aucun soin de cacher son nid que sa forme rend
très-apparent. Il bâtit, tantôt sur une branche, tantôt sur une poutre de bâtiment ou sur une palissade,
mais le plus souvent dans un buisson.

Le nid, malgré sa solidité, est encore fortifié par
un procédé de l'architecte : une cloison intérieure,
faite des mêmes matériaux que la coque, sépare le
nid en deux chambres, dans la dernière desquelles
couve la femelle sur une couche de duvet. Cette
disposition donne à la masse un grand soutien. Le
mâle et la femelle concourent ensemble à la construction du nid rendue une lourde tâche par le
transport des matériaux.

L'Australie possède deux oiseaux remarquables
comme constructeurs. L'un d'eux, le grallina pie
emploie également de la vase à laquelle il mêle de
l'herbe, des tiges de plantes, des plumes et des morceaux de bois. Il fixe son nid sur une branche qui
se trouve suspendue au dessus de l'eau, en lui donnant l'équilibre et la stabilité nécessaires. Les murs
en sont très-épais ; tout l'édifice ressemble à de la
poterie grossière et mal cuite.

L'autre espèce, l'hirondelle fée, ressemble beaucoup à nos hirondelles et à nos martinets. C'es
un beau petit oiseau, très-répandu dans toute l'Aus
tralie du Sud. Il y arrive au mois d'août et part en
septembre. Il bâtit généralement son nid contre
un rocher, près d'une rivière ; quelquefois, il l'établit dans un creux d'arbre et même sous le toit
d'une habitation. Le nid, fait de vase, présente la
forme d'un flacon allongé ou d'une cornue, d'une

longueur de douze à seize centimètres et dont le col varie de cinq à six centimètres. M. Gould, dans son ouvrage sur les oiseaux d'Australie, dit que six ou sept oiseaux s'occupent à la fois de la construction du nid ; l'un d'eux, l'architecte principal, se tient à l'intérieur pour arranger et façonner les matériaux

Nids de grallina pie et d'hirondelle fée.

que les autres apportent en les pétrissant dans leur bec.

La vase, ainsi travaillée, devient très-dure au soleil, mais sèche lentement ; donc, par un temps chaud, l'oiseau ne peut travailler que le soir et le matin, la chaleur du jour rendant la vase trop dure pour qu'il puisse la pétrir. Quand il pleut, le tra-

vail marche sans interruption. L'hirondelle fée
élève deux couvées de quatre ou cinq petits.

Une hirondelle d'Amérique, l'hirondelle à col
fauve, bâtit avec de la vase un nid semblable au
précédent, mais à col plus ouvert et moins long.
Comme elle vit en troupes, on l'appelle aussi l'hirondelle républicaine. Dans une localité favorable,
telle qu'un rocher vertical, on voit les nids serrés
les uns contre les autres par centaines. Voici ce que
dit Audubon au sujet de ces oiseaux :

« Au coucher du soleil ils s'assemblent en s'ap-
pelant, et bientôt se dirigent en nuées vers les
lacs à l'embouchure du Missisipi. Avant de s'abattre, ils tourbillonnent dans l'air et semblent reconnaître le terrain, puis tout à coup descendent en spirale avec une rapidité vertigineuse, et arrivés à quelques pieds des ciriers, arbustes appartenant aux
myricées, ils se dispersent dans toutes les directions ;
quelques minutes plus tard ils sont tous perchés,
mais toute la nuit on entend leur gazouillement qui
se confond avec les murmures de l'air. Dès la pointe
du jour, ils s'élancent à la poursuite des insectes en
rasant la surface des lacs ; les chasseurs en tuent
alors beaucoup à coups d'aviron. »

Un autre oiseau d'Amérique, l'hirondelle à ventre
fauve, imite l'oiseau à four et mêle du foin à la
boue dont elle construit le nid.

Celui-ci se fait remarquer par un second nid plus
petit qui lui est attaché et sert de perchoir au mâle;
ce dernier y gazouille pendant que sa compagne
couve. Le nid est épais et se compose de couches al-

ternées de boue et de foin. Il exige huit jours de travail. Ces oiseaux sont très-sociables entre eux et établissent leurs nids par vingtaines, soit contre un rocher, soit contre un mur.

Le sentiment populaire les protége ; en tuer un serait s'exposer à toutes sortes de malheurs. Le fermier les voit avec joie s'installer dans ses bâtiments, convaincu que désormais il n'aura plus à redouter la foudre.

Parmi nos oiseaux, nous possédons plusieurs constructeurs, dont le plus connu est le martinet commun. Son nid, très-irrégulier à l'extérieur, se compose d'une espèce de boue ; il est assez solide pour servir pendant plusieurs années.

On prétend que l'oiseau emploie la terre rejetée par les lombrics ; dans tous les cas, l'herbe, des plumes, des fibres végétales etc. entrent aussi dans la construction de sa demeure. Le martinet se montre ingénieux à profiter de tout ce qui peut faciliter son travail. L'extrait suivant du *Zoologiste* en fournit la preuve.

— « Sous le toit d'une maison trop peu élevée pour être hors de l'atteinte d'une pierre lancée par un gamin, un martinet avait fait son nid et plusieurs fois il avait été détruit. Les habitants de la maison résolurent de venir en aide à leur favori : à la place occupée par le nid, on fixa un très-petit panier rond, recouvert d'une planchette pour empêcher l'eau du toit d'y couler, en laissant toutefois sur le côté un petit espace ouvert pour servir d'entrée aux oiseaux ; ceux-ci apprécièrent immédiatement les bonnes intentions de leurs protecteurs. Ils commencèrent par fixer la planchette au panier avec leur mortier ordinaire, ayant soin de ne pas boucher l'entrée qu'on leur avait ménagée. Ils réussirent parfaitement cette fois à élever leur couvée dans ce nid d'un nouveau genre. Un autre couple de martinets, témoin de cette bonne fortune, résolut de tirer parti de ces mêmes avantages. Dans l'espace qui se trouvait au dessus de la planchette et dans l'anse arrondie du panier, les deux oiseaux se bâtirent une demeure avec leurs matériaux habituels et menèrent à bonne fin les travaux de la ponte, juste au dessus de leurs voisins. »

L'examen d'un nid de martinet est assez intéressant, bien que la vermine qui le dévore n'en fasse pas un objet agréable. Tous les oiseaux sont sujets à être attaqués par des insectes parasites ; le martinet les héberge en quantités incroyables. Le nid en fourmille et on ne comprend pas comment les petits y résistent pendant un seul jour. Ces insectes sont d'abord presque invisibles, mais si l'on place un fragment du nid sous un verre, après y avoir versé plusieurs gouttes d'essence de térébenthine, on les voit sortir de toutes les crevasses en bandes innombrables. Je mentionne cette circonstance afin que le lecteur ne soit pas tenté d'apporter dans une chambre un nid de martinet, car on se débarrasse difficilement de pareils hôtes.

L'hirondelle commune construit aussi **un nid** de boue, mais dont la forme diffère un peu des autres. Il se trouve souvent placé **sous une**

saillie faisant office de toit ; mais quand les circon·
stances le rendent nécessaire, l'oiseau y adapte une
couverture en forme de dôme. L'hirondelle, au
contraire, exige un nid découvert à cause de sa
longue queue fourchue, tandis que celle du martinet, étant plus courte, a besoin de moins d'espace.
L'hirondelle niche de préférence dans les chemi-
nées ; elle pond ordinairement cinq œufs.

Un genre d'oiseaux d'Australie, peu nombreux
à la vérité, ramasse d'énormes tas de substances
végétales ; ils y déposent leurs œufs que la
chaleur augmentée encore par la fermentation
fait éclore. Nous parlerons brièvement de ces
oiseaux. Occupons-nous maintenant du tallegallu,
appelé aussi vautour de la Nouvelle - Hollande
à cause de la nudité de la tête et du col. Cet oiseau
appartient à la famille des gallinacés et habite les
forêts les plus épaisses où il est difficile de le
prendre. Le monticule qu'il élève est de forme
conique et acquiert d'année en année de plus grandes
dimensions, car plusieurs femelles y travaillent à la
fois. Voici comment procèdent ces dernières : tra-
çant un cercle d'un grand rayon, elles commencent
par en faire le tour, saisissant continuellement au
moyen des pattes qu'elles ont très-grandes, toutes
les feuilles, les herbes et les branches mortes, pour
les rejeter vers le centre. Elles tournent toujours
en rétrécissant leur centre, de façon à déblayer en
peu de temps une large ceinture ayant au milieu
un monticule assez bas et de forme irrégulière. A
force de répéter cette manœuvre, elles diminuent

Australiens déterrent des œufs de talegallu.

le diamètre tout en élevant le monticule jusqu'à ce qu'enfin il s'en forme un plus grand de forme conique. Puis elles creusent au milieu une cavité large de soixante centimètres, posent les œufs avec précaution sur l'une des extrémités et après les avoir recouverts, ils éclosent sous l'effet de la fermentation et des rayons du soleil. Le mâle les surveille, guidé par un admirable instinct. Tantôt il ajoute une épaisse couche de feuilles, tantôt il met à nu les œufs, répétant les mêmes opérations plusieurs fois dans une même journée.

Les petits restent dans le monticule douze heures au moins après l'éclosion et s'y retirent la nuit durant les premiers temps. Chose digne de remarque, on observe au centre de tous les monticules un trou presque cylindrique qui sert à modérer la température et à laisser échapper les gaz produits par la fermentation. Les naturels de l'Australie sont très-friands de ces œufs que leur goût excellent leur fait beaucoup rechercher et on les voit dévaster sans pitié ces remarquables nids d'où ils tirent parfois plus de trois décalitres d'œufs.

Une autre espèce, la poule des jungles, assez commune dans les environs de Port Eysington, élève des monticules d'une incroyable étendue ; on en a mesuré un qui avait six mètres de diamètre et atteignait une hauteur de quatre mètres et demi. Les matériaux varient selon les localités, mais se composent généralement d'herbes, de feuilles et d'autres substances végétales. Les œufs s'y trouvent en grand nombre et quelquefois à une profondeur de deux à trois mètres. Ces monticules sont toujours près de la mer.

Un autre oiseau, appelé leipoa par les indigènes, élève également des monticules. Les colons lui donnent le nom de faisan australien ; il semble fréquenter de préférence les plaines sablonneuses du nord-ouest. Le monticule du leipoa est petit si on le compare à ceux des autres oiseaux ; il mesure rarement plus de deux à trois mètres de diamètre et un mètre de hauteur. Il se compose de sable, de terre, de feuilles et d'herbes ; il est souvent tellement dur à sa partie inférieure qu'on ne peut déterrer les œufs avec les mains et qu'il faut employer de bons outils. Chaque nid contient environ douze œufs, mais si on les enlève à plusieurs reprises, l'oiseau continue la ponte pendant assez longtemps. Il y a toujours beaucoup de fourmis près d'un nid de leipoa, circonstance qui, jointe à la solidité de la base du monticule, pourrait faire croire qu'on se trouve en présence d'une fourmilière au lieu d'un nid d'oiseau.

XVII

LES OISEAUX CONSTRUCTEURS

(SUITE)

Le lecteur se rappellera peut-être qu'en parlant du
toucan, nous avons dit que cet oiseau fermait quelquefois l'ouverture de son nid avec de la boue. Le
calao d'Afrique qui lui ressemble par son bec, mais
qui appartient à un autre genre, se fait remarquer
par les mêmes habitudes. Voici ce que dit à ce sujet
le docteur Livingstone :

« En traversant le pays de Mopaur, mes hommes prirent dans des trous d'arbres un grand
nombre d'oiseaux appelés korwés. Le 19 février,
nous vîmes un nid de korwé tout prêt pour recevoir la femelle ; l'entrée était plâtrée des deux

côtés et il ne restait qu'une ouverture en forme de cœur, juste assez grande pour y laisser passer l'oiseau. Dans tous les nids, le trou de l'arbre se prolongeait à une certaine hauteur au-dessus de l'entrée, et l'oiseau s'y réfugiait quand on voulait le prendre. Je vis pour la première fois cet oiseau dans la forêt de Kolobeng. — Voilà un nid de korwé, me dit un indigène en me montrant un arbre. C'était une fente large de douze à treize millimètres et longue seulement de sept à huit. Croyant que ce nom de korwé appartenait à quelque animal de petite taille, j'observai avec curiosité chaque mouvement de l'indigène. Il brisa d'abord le plâtre autour de la fente, puis y glissa le bras et en retira un tockus ou calao à gorge rouge. Il me dit que la femelle, en entrant dans son nid, subit un véritable emprisonnement. Le mâle bouche l'entrée, ne laissant que l'espace nécessaire pour y faire entrer son bec afin de donner à manger à sa compagne. Celle-ci y reste jusqu'à ce que les petits aient des plumes, c'est-à-dire durant une période de deux ou trois mois, dit-on. Pendant ce temps elle engraisse beaucoup et devient, au dire des indigènes, un morceau très-friand; le mâle, au contraire, devient maigre et s'épuise en remplissant ses devoirs de nourricier. Huit jours plus tard, repassant au même endroit, nous vîmes la fente bouchée de nouveau, comme si le mâle s'était déjà choisi une autre compagne. »

Nous arrivons maintenant aux oiseaux qui se servent de substances végétales au lieu de boue

pour construire leurs demeures. La mésange à
longue queue se bâtit un nid aussi remarquable
que l'habitation suspendue du loir. Tous ceux
qui vivent à la campagne, ou même ceux qui ont
à la ville un grand jardin, connaissent ces jolis
petits oiseaux ; mais peu de personnes ont pu cons-
tater leur utilité, car il faut se lever de très-grand
matin pour observer la mésange à queue longue.
Dès l'aube elle semble se dépouiller de sa timidité

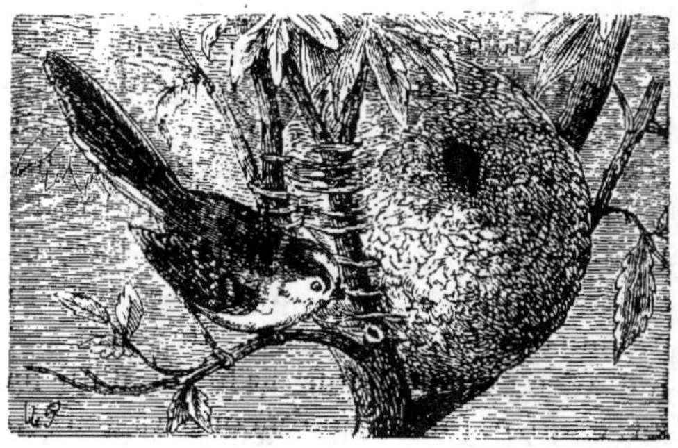

Nid de la mésange à longue queue.

et souffre qu'on l'étudie sans manifester une crainte
trop vive ; mais aussitôt que le soleil s'élève au
dessus de l'horizon et que le travailleur va aux
champs, elle devient farouche et se cache.

Il est difficile de donner une idée des mouvements
si rapides, des attitudes si variées de cet oiseau. A
la voir courir sur les branches, on dirait qu'elle défie les lois de la gravitation Jetant dans l'air un
petit gazouillement, elle donne de fréquents coups

de bec dont chacun donne la mort à une larve ou à un insecte. Elle est surtout friande d'hyménoptères porte-scies, qui sont si funestes aux fruits et dont elle fait de copieux repas. Ces oiseaux voltigent d'arbre en arbre avec une activité fiévreuse, réunis par bandes de dix à douze, formant généralement une seule famille, car les couvées sont nombreuses et se composent en moyenne d'une dizaine d'œufs. Le nid est un dôme un peu ovale; l'entrée se trouve en haut et sur le côté; il se compose de mousse, de laine, de poils et autres matières de cette nature, solidement tissées ensemble. La mésange à longue queue les relie au moyen de toiles d'araignées et de soies de chenilles. L'extérieur est couvert de lichen et on dirait, à voir ce nid, une excroissance naturelle de l'arbre ou du buisson sur lequel il se trouve ; il a ainsi quelque ressemblance avec celui du chardonneret.

Le nid affecte quelquefois la forme d'un flacon à long col; d'autres fois on en rencontre à deux entrées, l'une en bas, l'autre en haut. L'oiseau le construit sur différentes espèces d'arbres, ayant soin de choisir un endroit où les branches sont très-resserrées et couvertes d'un épais feuillage. Il recherche surtout le genêt épineux, dans lequel il sait cacher le nid de façon à en rendre l'enlèvement très difficile. Mais ce nid si artistement construit renferme, il faut faire cet aveu, de prodigieuses quantités de vermine.

Un autre oiseau bien connu se construit également, quoiqu'elle soit moins élégante que la pré-

cédente, une demeure à dôme. La pie commune
est un des plus beaux oiseaux de notre pays.
On la croit noire et blanche ; tandis que c’est
à peine si elle a une plume noire. Cette erreur provient de ce que son plumage brille de teintes vertes,
pourpres et bleu d’acier d’une intensité telle qu’il
paraît noir sous un certain jour. Le nid de la pie
est très-grand, si on le compare à l’architecte; probablement à cause de la longue queue que l’oiseau
ne laisse pas déborder hors du nid. Il se compose
non-seulement de mousse et de matières végétales,
mais la carcasse est faite de menues branches auxquelles se mêlent de fortes épines, surtout à l’entrée.
Il est en outre protégé par sa position, car il est à
une grande hauteur, posé entre de fortes branches
qui n’en permettent pas facilement l’accès. On rencontre souvent des nids abandonnés, que d’autres
animaux utilisent parfois : on cite parmi eux la
martre des sapins.

Le roitelet commun se construit un nid semblable. Je ne donnerai aucune description de cet
oiseau que tout le monde connaît. Comme constructeur, il se distingue par une certaine particularité ; quoiqu’il élève ordinairement un
dôme, il ne prend pas toujours cette peine et
laisse son nid lorsqu’il trouve quelque cavité,
comme un trou dans un mur couvert de lierre
ou un toit en saillie. Il ne se montre pas difficile
dans le choix des matériaux, préférant la quantité
à la qualité. La masse, en général, se compose
d’herbe, de mousse et de feuilles séchées. Le

nid est très-grand en comparaison du faible volume du roitelet ; et, quelle que soit la cavité où on le trouve, celle-ci est toujours remplie des matériaux que l'oiseau y a portés. Des plumes mêlées à des poils garnissent l'intérieur ; il s'y trouve ordinairement six à huit œufs qui ont des taches rouges à peine visibles et sont d'une petitesse extrême. Cette grande quantité de matériaux sert probablement à protéger l'oiseau contre les intempéries des saisons, car le roitelet ne nous quitte pas de toute l'année et habite en hiver le nid dans lequel il a élevé sa couvée. On trouve souvent, en examinant un vieux mur tapissé de lierre ou une meule de foin, des nids bâtis par le roitelet et dans lesquels il se réfugie, mais qu'il n'emploie pas à l'élevage de ses petits. Les motifs de ces constructions ne paraissent pas très-clairs : peut-être sont elles dues à de jeunes oiseaux sans expérience qui, trouvant l'endroit peu favorable à mesure que leur travail avançait, les ont abandonnées sans les achever. Le roitelet entre quelquefois dans les maisons et y niche ainsi que font les rouges-gorges et plusieurs espèces peu farouches.

Un oiseau du même genre, le roitelet domestique de l'Amérique du Nord, montre la même familiarité et s'établira dans chaque boîte qu'il trouvera clouée contre un mur ou contre un poteau, pourvu qu'elle soit hors de l'atteinte des chats. Wilson dit que, par un temps très-chaud, un moissonneur suspendit son vêtement sous un hangar et l'y laissa pendant deux ou trois jours. En le reprenant il trouva une des manches remplie d'herbes, de plumes et de feuilles; deux roitelets y avaient établi leur nid. En général, on protége ces oiseaux, et il n'est pas rare de voir dans beaucoup de jardins une boîte suspendue au bout d'une longue perche avec une toute petite entrée afin que des oiseaux plus forts n'y puissent pas pénétrer. A défaut de boîte, le roitelet domestique se contentera d'un vieux chapeau cloué sous le toit d'une maison, d'un pot à fleur et même d'une coque de noix de coco ou d'une calebasse. Il y a de la sagesse à lui fournir une demeure, car si la localité lui convient, il ne la quitte pas, au grand profit des plantes et des fruits.

L'Australie est passée en proverbe pour l'étrangeté de ses produits naturels; on y trouve un roitelet d'une taille considérable. C'est le menure ou oiseau-lyre des Européens. Cet oiseau se tient surtout dans certaines parties de la Nouvelle-Galles du Sud. Son nom indigène de bullen-bullen lui vient de son cri, et la forme de sa queue l'a fait appeler *la lyre*. Les deux plumes extérieures de cette queue se rencontrent de façon à lui donner, quand elle est déployée, l'apparence d'une lyre dont les cordes sont figurées par des filaments déliés partant du centre. L'oiseau ressemble à un dindonneau, sauf qu'il a les jambes plus minces et plus longues et qu'il n'a pas les pattes des gallinacés.

Par sa forme en dôme, son nid présente beaucoup d'analogie avec celui du roitelet, mais se compose entièrement de racines et de branches sèches, reliées ensemble de manière à former une construction très-solide. Il ne pourrait convenir aux petits, s'il n'était garni à l'intérieur d'une moëlleuse couche de plumes.

Le nid d'une espèce de même famille, la lyre Albert, est d'une forme semblable. Les deux espèces sont très-farouches et se laissent difficilement approcher. Comme les gallinacés, ces oiseaux aiment à creuser dans le sable des trous qui ont quelquefois un mètre de large et 60 centimètres de profondeur; chaque oiseau possède trois ou quatre de ces excavations, distantes l'une de l'autre de plusieurs centaines de mètres, et c'est là que le chasseur expérimenté va les surprendre sûrement.

Le docteur Stephenson croit que ce sont autant de piéges dressés aux coléoptères, qui, lorsqu'ils y tombent, n'en peuvent plus sortir. Si cette théorie se vérifie, la lyre et le fourmi-lion emploieraient le même stratagème.

Nous terminerons notre liste d'oiseaux constructeurs par l'oiseau à berceau qui, par une anomalie unique, se bâtit une maison de plaisance et en marque la destination en la décorant d'objets brillants. Voici comment il procède : il commence par tisser avec de menues branches une plate-forme assez forte ; on dirait qu'il a voulu faire une porte. Puis il prend des tiges plus longues et flexibles, les implante solidement d'un bout dans le bord de la plate-forme et leur donne une telle inclinaison que, les deux bords étant garnis, les branches se rencontrent en formant une allée voutée.

On peut demander àquoi sert ce berceau? Ce n'est
pas un nid, et je crois qu'on n'a pas encore découvert
le véritable nid de l'oiseau. C'est un lieu de réunion
où ces jolies petites bêtes prennent leurs ébats et
folâtrent en se poursuivant mutuellement. On ne
lui connaît pas d'autre but, car la voûte n'est pas
assez solide pour offrir un abri contre la pluie.

Oiseaux à berceau.

Quoiqu'il en soit, les oiseaux s'y tiennent une
grande partie de la journée, et un berceau bien
fait reste rarement inoccupé.

L'oiseau en décore l'entrée et la sortie d'une singulière façon bien qu'il ne se montre nullement difficile sur le choix des ornements ; car il suffit pour
lui qu'ils aient de l'apparence et de l'éclat. C'est un

mélange bizarre de bouts de rubans, de coquillages, de morceaux de papier, d'os, de fragments de verre et de porcelaine, de dents de différents animaux et d'autres objets dece genre. On a remarqué près d'un berceau un dé à coudre, une pipe et un tomahawk. En effet, quand les indigènes perdent un objet d'un faible volume, ils commencent par visiter les berceaux des environs et manquent rarement de le retrouver dans une de ces constructions.

Le mâle de cette espèce a le plumage d'un beau pourpre très-foncé qui paraît presque noir à l'ombre ; l'effet en est magnifique au soleil. La femelle, et le mâle lorsqu'il est jeune, n'offre qu'une teinte uniforme d'un vert olive.

Une autre espèce encore habite la Nouvelle-Galles du Sud. On l'appelle à cause de la variété de son plumage, l'oiseau à berceau tacheté. Les berceaux que font ces oiseaux sont quelquefois très-longs et la voûte en est plus élevée que chez les autres. Les ornements de pierres, de plumes et de coquillages occupent un grand espace à chacune des extrémités du berceau. M. Gould raconte que les plus grandes pierres servent aussi à maintenir les branches en place et que ces oiseaux ne dédaignent pas comme ornements, les os et les crânes de différents petits mammifères. Le plumage de l'oiseau à berceau tacheté est d'un brun chaud avec de nombreuses taches jaunes ; un collier de longues plumes d'une belle teinte rose et brillant comme des fils de verre entoure le derrière du cou.

XVIII

LES INSECTES CONSTRUCTEURS.

Les termites ou fourmis blanches. — Nids de termites d'Afrique.
— Les termites de l'Amérique du Sud. — Les termites d'Europe.
Leurs ravages en France. — Le trypoxylon. — Pélopée. – Les
nids de guépesde M. Stone et leur histoire. — Les fourmis
fourragères de l'Amérique du Sud. Leurs mœurs. — Les fourmis
agricoles du Texas.

Nous passerons sous silence plusieurs insectes
véritablement constructeurs ; le lecteur les trouvera au chapitre des insectes sociables. Parmi
ceux dont nous allons nous occuper, la première
place appartient aux termites ou fourmis blanches. Disons d'abord que cette dernière dénomination est incorrecte, car ces insectes font partie
d'un tout autre genre et se rapprochent des libel-
lules et des fourmis-lions. Ils ont le corps oblong et
aplati, des antennes courtes, des mandibules également aplaties et dentelées, longues et formidables
pour la plupart. Chaque colonie est fondée par un

seul couple, le roi et la reine ; le reste de la population se compose de mâles et de femelles développées, dont la destinée est de perpétuer l'espèce et de donner naissance à d'autres colonies; d'êtres neutres qui s'appellent soldats et ont d'énormes têtes garnies de mâchoires redoutables ; enfin de nymphes et d'ouvrières.

Le devoir principal des soldats semble être la défense du nid ; lorsqu'une brèche a été faite, ils sortent par bandes pour attaquer l'assaillant, et ne connaissant pas la crainte, ils s'élancent sur le premier objet étranger qu'ils rencontrent. Peu nombreux, ils ne forment qu'un pour cent de la population ouvrière, mais ils ont le corps cinq ou six fois plus gros que les travailleuses.

Dès qu'un couple de termites développés commence à fonder une colonie, il ne quitte plus la cellule royale. La reine acquiert rapidement un tel volume que, même mise en liberté, elle ne saurait avancer d'un pouce. Disons toutefois que cette augmentation n'atteint que l'abdomen. Dans cet état, elle pond par milliers des œufs que les ouvrières enlèvent aussitôt, en passant par certaines ouvertures qu'elles se sont réservées dans l'appartement royal. Les petits étant éclos, on les entoure des plus grands soins jusqu'à ce qu'ils se développent en mâles, en femelles ou en neutres et deviennent capables de participer aux travaux.

Anderson, dans son ouvrage intitulé « *le Lac Ngami* » dit qu'il a vu des nids de termites africains ayant plus de vingt pieds de hauteur et dont la cir-

conférence mesurait cent pieds ; lorsque les insectes
avaient acquis tout leur développement et par conséquent étaient pourvus d'ailes, ils en sortaient par

Nid de termites ou fourmis blanches.

quantités telles que l'air semblait comme rempli de
flocons de neige.

Les nids se présentent toujours sous la forme
d'un grand cône entouré d'autres cônes de moindre

dimension comme les clochetons qui accompagnent la flèche d'une cathédrale gothique. Quoique faits seulement de terre, ils offrent presque la dureté de la pierre. Les chasseurs ont l'habitude d'y monter pour inspecter le pays. Le buffle sauvage en fait autant. Le voyageur les voit avec plaisir parce qu'il est sûr d'en trouver la surface couverte de champignons d'une exquise saveur. Les indigènes recherchent surtout les nids, dont ils considèrent les habitants comme une grande friandise. Pour s'en emparer, ils font un trou au nid ; dès que les ouvrières se présentent pour réparer la brèche, ils les balaient dans un plat et répètent l'opération jusqu'à ce qu'ils en aient une quantité suffisante.

Les termites ne conservent leurs ailes que pendant un temps limité ; ils s'en servent pour sortir du nid et s'en dépouillent dès qu'ils sont accouplés.

Les termites de l'Amérique du Sud ne diffèrent en rien de ceux de l'Afrique ; les soldats de cette espèce se bornent aussi à repousser les attaques. Eux seuls se présentent lorsque le fourmilier vient faire un trou au nid ; aussi sont-ils les seules victimes, car les ouvrières se sauvent ou se cachent.

Les nids des termites s'étendent à une grande distance sous terre, par des galeries proportionnées à l'édifice, et les matériaux se composent en grande partie des déblais. Il n'y a pas d'entrée apparente, car les soldats et les ouvrières, quoique privés des organes de la vue, se montrent très-sensibles à la lumière et se construisent de longues galeries où ils passent sans être incommodés par le jour.

Ces insectes se nourrissent principalement de
fibres ligneuses, mais ils s'accommodent de tout et
forment une des grandes plaies du voyageur dans
les pays chauds. Ils dévoreront la natte sur laquelle
il repose, ses caisses de bois, ses collections d'animaux et de plantes. Une table ou tout autre meuble,
laissé longtemps à la même place, sera bientôt détruit par les termites. Ils ont une façon toute parti-

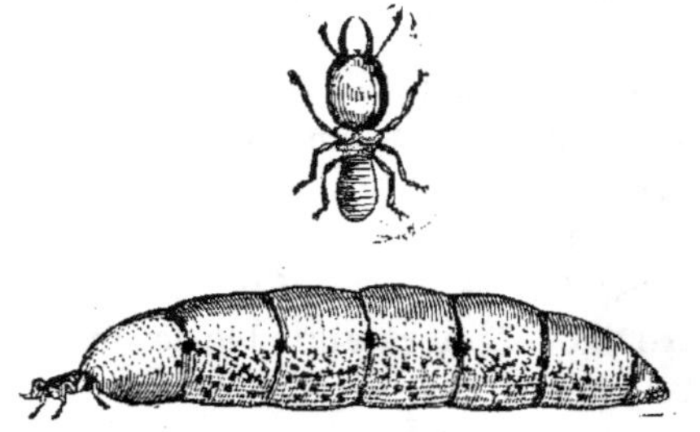

Soldat et reine de termites.

culière de manger l'intérieur et de conserver à
l'extérieur une coque mince qui cache complétement
leurs ravages. Le seul moyen de s'en débarrasser
est d'attaquer le mal à sa source. Il ne sert de rien
de tuer les ouvrières ou les soldats ; ils sont aussitôt remplacés. Mais si l'on détruit la reine, la ponte
cesse, les sujets se découragent et la colonie s'éteint.
Les termites adultes, en quittant leur demeure,
rencontrent de nombreux ennemis ; les chauves-

15

souris et les engoulevents les poursuivent ; dès qu'ils ont perdu leurs ailes, ils deviennent la proie des crapauds, des araignées et de bien d'autres ennemis encore. On peut dire, que de ces nuées qui envahissent parfois une chambre au point que les lumières s'éteignent, il échappe à peine un insecte sur vingt mille.

Passons aux termites d'Europe dont M. de Quatrefages a donné une description très-complète. Rochefort, Saintes et Tonay-Charente ont souffert pendant plusieurs années des ravages des termites ; La Rochelle en fut ensuite attaquée. Ces insectes avaient sans doute été importés par quelque navire et portés à terre dans des caisses où ils s'étaient établis. Tous les efforts faits pour les détruire paraissent jusqu'ici sans effet. Le récit suivant de M. de Quatrefages donnera une idée de l'étendue de leurs dégâts :

« La préfecture et quelques maisons du voisinage forment le principal théâtre des ravages exercés par les termites. On ne peut pas enfoncer un pieu dans un jardin, ni laisser une planche sans que ces objets ne soient attaqués dans les vingt-quatre heures. Les clôtures autour des jeunes arbres sont rongées de bas en haut et les arbres même se trouvent creusés jusqu'aux branches. A l'intérieur, le désastre ne se montre pas moins grand. J'ai vu au plafond d'une chambre à coucher, qu'on venait de réparer, des galeries semblables à des stalactites et qui dès le départ des ouvriers commencèrent à se montrer. J'ai remarqué les pareilles dans les caves, courant le long des murs et s'étendant probablement jusqu'aux combles. Elles étaient à découvert, là où apparaissait la pierre ; ailleurs elles passaient sous le plâtre car les termites de la Rochelle, ainsi que tous les autres, travaillent à couvert si les circonstances le permettent. »

MM. Milne Edwards et Blanchard ont observé dans une cave des galeries descendant de la voûte sans support apparent. M. Bobe-Moreau cite des galeries ou arcades isolées, jetées en avant horizontalement, comme un pont tubulaire, afin d'atteindre un papier entourant une bouteille, un pot de miel, etc.

Outre les espèces étudiées par M. de Quatrefages, il y en a d'autres dans le midi de la France, en Sardaigne et en Espagne. L'une d'elles, le termite à cou jaune, s'attaque surtout aux oliviers tandis qu'une autre, le termite lucifuge, exerce ses ravages parmi les pins et les chênes des Landes et de la Gironde.

Deux hyménoptères de l'Amérique tropicale appartiennent aux constructeurs ; ce sont les trypoxylons et les pélopées. La première espèce fait, avec de la terre, un grand nombre de cellules étroites et arrondies d'entrée ; cette dernière ressemble quelquefois à un goulot de bouteille dont elle a le bord retourné. L'insecte attache ses nids à des branches, mais il préfère un coin dans une verandah et quand il en trouve un, il en fixe des rangées entières au milieu de bourdonnements incessants.

L'autre espèce, le pélopée, emploie presque une semaine à la construction de sa demeure. Il commence par pétrir longuement de la boue et à la rouler en boulettes qu'il porte à son nid ; il les y place par séries de cercles, de manière que l'architecture prend bientôt une forme cylindrique. Le travail étant presque terminé, l'insecte garnit le

Nids de trypoxylons et de pélopées.

nid d'araignées qui doivent servir de nourriture aux petits ; mais au lieu de les choisir tendres et molles, il les prend dans un genre dont tous les êtres sont couverts de plaques dures et à teintes métalliques, comme les corselets des coléoptères, ce qui fait supposer chez les jeunes pélopées des mâchoires d'une grande puissance. Cette espèce travaille, comme la précédente, en bourdonnant continuellement.

M. Bates, à qui nous devons la description

de ces deux insectes, mentionne une espèce de
mélipone très-connue dans les forêts et ne mesurant que deux millimètres à peu près. Cet insecte incommode le voyageur en pénétrant dans
le nez dont il mord la membrane. Il emploie de la
boue qu'il pétrit avec ses mandibules et en fait un
long tube à pavillon, à l'entrée duquel plusieurs de
ces insectes montent la garde. Quelquefois, il se
contente de boucher une crevasse en y laissant
un petit orifice.

M. Gosse, dans le « *Zoologiste* » de 1864, parle
d'insectes qu'il appelle « Guêpes barbouilleuses »
et qui appartiennent au genre pélopée. D'un
brun presque noir, ils ont l'abdomen très-lui-
sant, le thorax garni d'un épais duvet pédon-
culé; l'abdomen brille d'un jaune vif et sur les
membres se trouvent des bandes de la même couleur. Ayant remarqué sur les murs et sur les
poutres des taches d'une boue jaune, dont quelques-
unes avaient la grosseur du poing, M. Gosse s'in-
forma d'où elles provenaient. On lui répondit que
c'était l'ouvrage des guêpes barbouilleuses. Voyant
que celles-ci se mettaient à l'œuvre, sous l'influence
d'une température assez chaude, il les observa avec
attention. D'abord il mit leur sagacité à l'épreuve
en pratiquant des trous dans les nids et en y introduisant des objets étrangers, tels que de la laine et
une pointe de fer blanc. L'insecte répara les dégats
et débarrassa le nid. Il étudia ensuite le procédé de
construction. La guêpe barbouilleuse déposa sa
charge de boue et la façonna en lui donnant une

forme ovale, puis alla en chercher une seconde et l'ajouta à la première après lui avoir fait subir la même manipulation et ainsi de suite, jusqu'à ce qu'elle jugeât la cellule, qui avait pris la forme d'un dé, de grandeur suffisante. Elle y pondit un œuf et y ajouta des araignées ; celles-ci appartenaient au genre tetragnatha. L'insecte les portait en tenant une de leurs pattes dans sa bouche et en supportant le corps entre ses jambes. La cellule étant suffisamment garnie, elle la boucha et en ajouta d'autres. Un dé se composait ainsi de quatre cellules ; les autres dés venaient s'y joindre parallèlement. On suppose que la larve prisonnière ne mange que l'abdomen des araignées, car on trouve ordinairement dans les cellules, les pattes et le céphalothorax.

M. Gosse avait sur une table une bouteille à encre vide et mesurant trois centimètres soixante-quinze millimètres. Un jour il la trouva bouchée avec une substance semblable à de la terre de pipe ; il la brisa et vit l'intérieur rempli d'araignées. Une guêpe barbouilleuse avait cru y trouver une excellente demeure pour ses petits et l'avait meublée en conséquence. Elle revint après un jour ou deux et voyant qu'on avait dérangé le nid, elle y entra, enleva les araignées en les remplaçant par d'autres, et reboucha l'ouverture. Ce fait tend à prouver que ces insectes n'abandonnent pas tout à fait leurs petits quand le nid est terminé et fermé.

La gravure suivante représente quatre boîtes car-

dont chacune contient un objet qu'on prendrait difficilement pour un nid de guêpes ; cependant, ce n'est pas autre chose. Ce sont quatre nids d'une série de six, construits chez M. Stone et présentés par

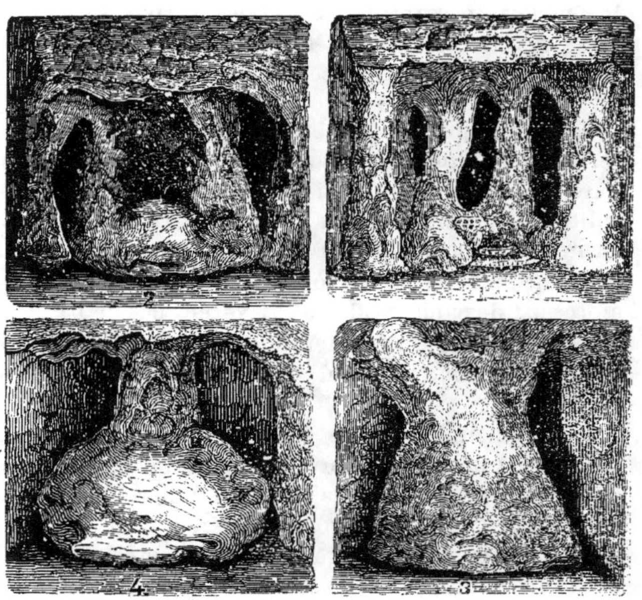

Nids de guêpes

lui au Musée Britannique. L'histoire en est très-intéressante et montre combien il nous reste à apprendre des mœurs et des instincts des insectes.

M. Stone, qui, depuis longtemps, fait des expériences sur les guêpes, reçut au mois d'août 1862, un nid de guêpes communes. Le transport l'ayant endommagé, M. Stone le mit en morceaux et plaça un ou deux petits rayons dans une caisse de bois garnie d'un verre et traversée par un fil de fer qui, passant aussi par les rayons servait à les maintenir. Puis il fixa la caisse près d'une fenêtre. Il y installa trois cents ouvrières environ et leur fournit du sucre et de la bière en abondance. Celles-ci auxquelles un petit trou placé au fond, permettait d'entrer et de sortir, se mirent d'abord à couvrir les rayons de papier. Travaillant avec rapidité, elles firent en deux jours un nid qui avait la forme d'un flacon après avoir couvert les rayons et les fils, et collé sur les côtés de la caisse de grands morceaux de papier. Elles n'essayèrent pas de bâtir sur le verre qu'on dérangeait souvent pour donner du sucre. Ce nid est représenté sous le numéro 4.

Évidemment les guêpes allaient bientôt remplir la caisse d'une masse informe de papier. On prépara une seconde caisse semblable à la première dont on fit sortir les guêpes par coups réitérés. Dans cette nouvelle demeure, elles restèrent une semaine, et bâtirent le nid représenté sous le numéro 3. Enfin on les laissa quatre jours dans une troisième caisse ; elles y construisirent un nid semblable aux premiers mais moins symétrique.

Alors M. Stone prépara une autre caisse, garnie de deux rangées de fil de fer ; à chacune des extrémités de la caisse se trouvait un petit morceau de rayon. Au bout de quinze jours tous les rayons et tous les fils étaient couverts et la caisse presque entièrement remplie de papier.

Afin d'obtenir un produit plus régulier, on arrangea une cinquième caisse mais d'une autre manière. On y plaça quatre fils, dont deux un peu en avant des autres; au sommet et à la base il y avait un morceau de rayon, à l'exception de ceux du centre, qui réunis par un fil court, n'étaient garnis qu'en haut. Dans l'espace de cinq jours les guêpes exécutèrent l'admirable construction du numéro 1, qui ressemble à une imitation en papier d'une grotte de stalactites. Les insectes ayant été expulsés avant le complet achèvement, une partie du rayon du centre reste à découvert.

Dans une autre caisse, semblable à la précédente, on les laissa également cinq jours ; elles y construisirent le numéro 2. Bref, avec l'espoir d'obtenir un résultat encore meilleur, on les plaça dans une caisse plus grande ; mais le froid survenant, le travail n'avançait pas et bientôt les guêpes moururent.

Ainsi dans le court espace de trente-huit jours une seule famille de guêpes a bâti six nids très-remarquables, et il est permis de supposer qu'elles auraient dépassé ce nombre, si on les avait fait commencer plus tôt. Un tel exploit devrait nous inspirer plus d'indulgence pour la guêpe ; si elle ne peut nous fournir du miel comme l'abeille, au moins elle égale l'industrie de cette dernière.

M. Bates, dans son intéressant ouvrage sur l'Histoire naturelle du fleuve des Amazones, rend compte de certaines fourmis du genre éciton vulgairement appelées fourmis fourragères. Il y en a plusieurs espèces ; je ne parlerai que des plus remarquables.

Quoiqu'on trouve chez les écitons des mâles, des femelles et des neutres, ils ne se partagent pas en deux classes comme chez les termites. L'éciton est la vraie fourmi fourragère. Ces insectes sortent en immenses colonnes, mesurant au moins cent mètres en longueur, mais d'une largeur infiniment moindre. De chaque côté se tiennent les officiers courant en avant, en arrière, afin de maintenir dans l'ordre ceux à qui ils commandent ; il se trouve environ un officier pour vingt ouvrières ; ils se font remarquer pendant la marche par les mouvements incessants de leur grosse tête blanche.

Les ouvrières ont la tête ronde, large et unie ; elle est armée de deux énormes pinces d'une forte courbure et à pointe très aiguë. Elles sont garnies de petits poils qui, sous la loupe, paraissent des soies plantées en cercle autour des mandibules. Le thorax et l'abdomen sont minces, les pattes très longues dénotent une grande activité. Le spécimen séché, que je possède, est d'un brun jaunâtre, pâlissant vers la tête qui est tout à fait blanche chez l'insecte en vie. Les yeux très-petits et formant comme des taches rondes, sont si enfoncés dans la tête qu'on ne peut bien les voir qu'à l'aide d'un bon microscope ; ils sont de forme ovale et convexe. On n'y remarque pas les lentilles **hexagones** composées, **si communes chez les insectes.**

La présence de ces hyménoptères se révèle par de nombreuses bandes de pittas, oiseaux du genre des grives, qui ne manquent jamais d'accompagner les fourmis fourragères dans leur marche et qui en font leur nourriture. Aussi les habitants de l'Amérique tropicale les saluent-ils comme des libérateurs. Les innombrables insectes de ces pays ont la mauvaise habitude de pénétrer dans les demeures et d'y multiplier au point de devenir une véritable plaie devant laquelle les habitants restent presque sans défense. Les uns mordent, les autres sucent, d'autres encore piquent ou grattent, et la plupart émettent une odeur nauséabonde. Quelques-uns portent des armures solides comme celles des crabes de terre et qui sont insensibles à tous les mauvais traitements ; d'autres en forme de boule, à la peau mince, crèvent au moindre contact et se résolvent, sous la pression des doigts, en une masse gluante. Il y a de grands insectes ailés, voltigeant autour des lumières et réussissant à les éteindre ; d'autres pénètrent dans les encriers, et dessinent sur les tentures de capricieuses arabesques. Puis ce sont encore de grands centipèdes que leurs crochets venimeux font redouter à l'égal des vipères. Les scorpions ne font pas défaut, tandis que le gros de l'armée se compose de blattes dont, nous autres habitants d'un pays plus favorisé, ne pouvons concevoir ni l'odeur, ni la dimension, sans compter les lézards, les serpents et d'autres reptiles, trop communs pour qu'on y fasse attention.

Pendant quelque temps ces usurpateurs règnent

en despotes, mais à l'arrivée des fourmis fourragères tout prend une autre tournure. Dès qu'on voit
les pittas, les habitants s'empressent d'ouvrir caisses
et tiroirs afin que les fourmis puissent visiter tous
les recoins, puis ils abandonnent la maison.

Voici venir l'avant-garde ; elle inspecte les lieux
pour savoir s'ils méritent d'être explorés. Une longue colonne la suit, envahit la maison et s'y répand
dans toutes les directions. Il en résulte un spectacle des plus singuliers ; les fourmis pénètrentdans
les coins, les fentes et en retirent tous les insectes
qui s'y sont cachés. Elles enlèvent malgré leur résistance de grandes blattes en se mettant quatre ou
cinq pour les amener en avant, tandis que d'autres
les poussent par derrière. Les rats et les souris suc-
combent également sous leurs attaques ; les serpents et les lézards n'ont pas un sort meilleur et
les armes redoutables des scorpions et des centipèdes sont même impuissantes en face d'assaillants
aussi terribles. L'œuvre de destruction est achevée
dans un espace de temps remarquablement court ;
le tumulte s'apaise, les fourmis se reformenten colonne et quittent la maison emportant leurs tro-
phées. Les habitants, à leur retour, trouvent les
lieux complétement purgés de leurs hôtes incommodes ; désormais, ils peuvent se mouvoir sans
écraser à chaque pas quelque insecte dégoûtant et
mettre leurs chaussures sans en avoir préalablement
chassé les scorpions et autres commensaux du même
genre.

Les fourmis fourragères ne connaissent pas la

peur, et si un homme a le malheur de traverser une colonne, elles s'élancent sur lui et couvrent ses jambes de morsures venimeuses. Il n'y a dans ce cas, d'autre moyen de défense qu'une fuite rapide ; quant aux fourmis qui se sont cramponnées à son corps, on ne peut les arracher que morceau par morceau, tant les mandibules sont profondément fixées dans la chair.

Une autre espèce, la fourmi légionnaire, marche aussi en colonne, mais semble moins commune que la précédente. On la trouve seulement dans les vastes plaines sablonneuses de Santarem. Ces insectes attaquent souvent les nids des grandes fourmis. M. Bates raconte les avoir vues, un jour, se former en deux colonnes de travailleurs, dont l'une creusait le sol sous lequel se trouvait le nid, tandis que l'autre enlevait les déblais. Des officiers surveillaient le travail. Après les avoir observées, M. Bates fit au moyen d'une truelle, une large brèche ; les fourmis la mirent à profit et s'élançant par milliers dans le nid, elles enlevèrent leurs victimes. Il les a vues aussi descendre dans un nid après avoir fait un puits de vingt-cinq centimètres de profondeur. Elles ont l'habitude de mettre le nid en morceaux et d'emporter chez elles les débris ainsi que les prisonniers qu'elles ont faits ; l'œuvre de destruction achevée, elles reparaissent en petites colonnes et vont rejoindre le corps d'armée. La communauté est admirablement disciplinée, chaque insecte connaît sa place ainsi que la tâche qui lui incombe.

Une troisième espèce, la fourmi rapace, attaque également les nids de différentes fourmis. Elle ressemble à la précédente et se fait remarquer comme étant la plus grande de toutes ; elle mesure en moyenne quinze millimètres.

La dernière espèce dont je parlerai s'appelle la fourmi aveugle. Le lecteur se rappelle que chez la fourmi fourragère les yeux sont très petits, mais ils manquent absolument à la fourmi aveugle, au moins à l'extérieur ; cependant, transporté à la lumière, cet insecte manifeste une certaine inquiétude, comme si le nerf optique était péniblement affecté. Mais la substance cornée qui recouvre la tête est trop épaisse pour ne pas mettre hors de doute l'impossibilité de la vision distincte. Ces fourmis se font, à la surface du sol, de longs chemins couverts, sans ciment et d'un travail assez négligé.

Le dernier exemple d'insectes constructeurs ne sera pas le moins remarquable. C'est la fourmi agricole, ainsi nommée par le docteur Livingstone, qui, le premier, l'a observée. Voici l'extrait d'une lettre adressée par ce savant docteur à M. Darwin, que celui-ci a lue devant la société linnéenne le 18 avril 1861 :

« Cette fourmi est brune et assez grande. Elle habite ce que l'on pourrait appeler une cité pavée et se montre prévoyante, active comme un habile fermier. Après avoir choisi un site, elle y creuse, si c'est un terrain habituellement sec, un trou autour duquel elle élève un remblai circulaire assez bas et s'inclinant en pente douce du centre au bord extérieur ; mais si elle fait choix d'un terrain bas, sujet aux inondations, elle donne aux remblais, quand le so est sec au moment de commencer les travaux, la forme d'un cône un peu pointu, haut de trente-cinq à quarante centimètres et ayant l'entrée au sommet. Dans les deux cas, elle déblaie et nivelle la surface jusqu'à une distance d'un mètre à un mètre trente centimètres des portes de la cité. Dans cet espace, à l'exception d'une espèce de graminée qui pousse autour de l'élévation, dans un cercle d'un mètre environ, elle ne laisse rien croître ; l'insecte donne à la plante des soins incessants, enlève toutes les herbes qui pourraient la gêner à un pied de distance du cercle. La graminée, ainsi cultivée, produit une abondante récolte de petits grains blancs et caillouteux, qui, vus au microscope, ressemblent à du riz. A leur maturité, les travailleuses les cueillent et les mettent en magasin dans des cellules destinées à cet usage ; là, elles les dépouillent de la menue paille qu'elles rejettent au delà des limites de l'espace cultivé.

« Lorsque par suite de pluies prolongées, les graines commencent à germer, les fourmis font sécher leur blé au soleil dès que le temps le permet et le remettent ensuite en magasin après en avoir séparé la partie gâtée. J'étudie ces fourmis depuis douze ans et je ne doute pas que cette graminée ne soit plantée avec intention. Le terrain qu'elle occupe est débarrassé de toute autre herbe ; la récolte est emmagasinée au temps voulu et rien ne pousse dans l'espace cultivé jusqu'à l'automne suivant. Alors reparaît la même moisson de riz de fourmis, les mêmes soins lui sont donnés et pas un brin d'herbe ne croît à l'entour à la distance d'un pied. »

XIX

LES NIDS SOUS L'EAU. — LES VERTÉBRÉS

Les épinoches d'eau douce. Le droit de propriété. Matériaux
et usage du nid. — L'épinoche à quinze épines. Nid remarquable. — Le hassar de la Guyane.

Les poissons, n'ayant pour outil que leur bouche
se montrent peu aptes à construire ; cependant
quelques-uns se font des demeures qui méritent
d'être citées. Les spécimens les plus remarquables
sont dus aux épinoches dont il existe chez nous
plusieurs espèces d'eau douce. Nous n'en donne-
rons pas de description spéciale, car tous font
leur nid de la même manière. Ces poissons emploient tantôt des brins d'herbe ou de paille que le
vent a portés sur l'eau, tantôt les plantes qui poussent au fond. Quand un épinoche mâle a fait choix
d'un endroit pour établir son nid, il le considère
comme sa propriété et ne permet pas à un autre
poisson d'en approcher à une certaine distance. Sa
jalousie, à cet égard, est telle qu'il s'élancera sur un

16

poisson dix fois grand comme lui et qu'aidé de ses épines il le mettra en déroute. C'est dans cet espace limité qu'il doit prendre ses matériaux, car il peut à peine s'éloigner sans envahir le domaine d'un voisin non moins jaloux de ses droits. Le nid se trouve ordinairement construit de façon à être confondu avec les objets environnants ;

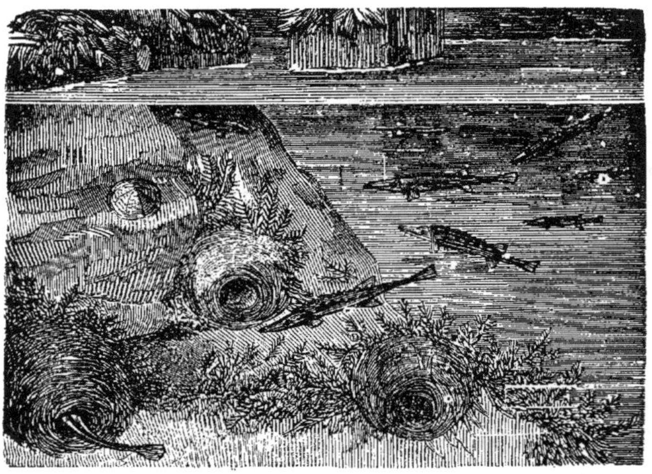

Les épinoches et leur nid.

précaution facile à comprendre pour qui connaît les épinoches. Comme beaucoup d'autres poissons, ils cherchent à détruire les œufs de leurs semblables, et c'est dans le nid que ceux-ci attendent leur éclosion. Ils sont très petits, d'abord jaunes, mais prennent en vieillissant une teinte plus foncée.

Parmi les épinoches de mer on distingue l'épinoche à quinze épines, poisson au corps fluet, à long museau, dont la mâchoire inférieure avance un peu, et qui porte sur le dos une rangée de quinze épines aiguës. Il fait son nid avec les petites algues de nos côtes, mais se montre quelquefois architecte un peu fantaisiste. M. Couch, l'ichtyologue bien connu, cite un couple d'épinoches qui s'était construit un nid dans le bout d'un câble avarié pendant à un mètre de la surface au dessus d'un fonds de cinq ou six brasses, et dont les matériaux avaient dû être transportés par les poissons d'une distance de dix mètres au moins. Ils se composaient de différentes espèces d'algues entremêlées dans le creux formé par les fils brisés du câble et constituaient une masse oblongue de la grosseur du poing, dans laquelle reposaient les œufs.

Les épinoches ne sont pas les seuls constructeurs. Dans les eaux douces de l'Amérique tropicale se trouve un genre de poissons appartenant aux silures. Ce poisson a la lèvre supérieure garnie de quatre longs barbillons. Il est d'un brun verdâtre et dépasse rarement vingt centimètres. Tout le corps, sauf une partie du ventre, est cuirassé; les indigènes qui le nomment hassar en sont très-friands. Il se sert des mêmes matériaux que l'épinoche et construit son nid dans les petits ruisseaux bourbeux qui sillonnent les plantations de cannes à sucre. Il surveille ses œufs avec un soin jaloux; les indigènes, mettant à profit cette circonstance, plongent vivement un filet ou même une corbeille dans l'eau, près du nid, et manquent rarement de prendre le poisson. Quand vient la sécheresse, il s'enfonce dans la vase jusqu'au moment des pluies et devient également dans cette situation une proie facile pour les indigènes.

Un fait analogue peut s'observer aussi au Sénégal. Lorsque les hautes eaux, après avoir fait déborder le fleuve, finissent par se retirer, on trouve souvent dans les rizières qui longent ses bords des boules oblongues faites d'argile comprimée et durcie par le soleil.

Chaque boule sert de refuge à un poisson du même genre que le hassar : surpris loin du fleuve par la baisse des eaux, ce poisson se roule dans la vase, s'enveloppe ainsi d'un épais enduit protecteur et attend patiemment que la prochaine inondation, en délayant son refuge, vienne lui rendre sa liberté.

On peut voir au Muséum d'histoire naturelle à Paris deux de ces boules curieuses dans lesquelles le poisson subit cette espèce d'hibernation.

XX

LES NIDS SOUS L'EAU. — LES INVERTÉBRÉS

L'argyronète. La cloche à plongeur. Expérience de M. Bell.
— Les phryganes. Diversité de nids et de matériaux. Emploi
de substances singulières. — Les coraux. Leur histoire
générale. — Les serpules. L'opercule. — Les térébelles et leur
demeure. — L'amphitrite.

L'argyronète mérite d'être regardée avec un vif
intérêt, car elle sait se construire sous l'eau une
demeure en y ménageant l'air atmosphérique nécessaire à la respiration. C'est dans les rivières
dont le courant est peu rapide et dans les fossés
qu'on rencontre sa cellule. Elle se compose de soie
comme tous les nids d'araignées et offre ordinairement une forme ovale avec une entrée placée en
dessous. Elle est remplie d'air et présente une analogie manifeste avec la cloche à plongeur de nos
jours. L'introduction de l'air, avant que le problème
fut résolu, avait longtemps préoccupé les savants.
Voici le récit d'une expérience faite par M. Bell, le
naturaliste :

« Dans un cylindre de verre rempli d'eau et contenant une plante de stratiotes sans racine, je
plaçai une argyronète. Au bout de quelques
heures elle commença à filer sa belle toile ; au milieu de son travail elle remonta à la surface pour
prendre une bulle d'air avec laquelle elle redes-

L'argyronète et les phryganes.

cendit rapidement et qu'elle laissa à ses fils. Quinze
voyages se firent de cette façon à différents intervalles pendant lesquels l'araignée augmentait et
façonnait sa belle cloche transparente ; elle y en-
trait, la corrigeait ici et là, et en fortifiait les attaches. Quand elle fut satisfaite des dimensions, elle
s'y établit et s'y tint la tête en bas. La cellule

présentait alors la forme et le volume d'un gland coupé par moitié.

Pour s'emparer de la bulle d'air, l'araignée remonte à l'aide d'un fil : arrivée à la surface elle élève son ventre hors de l'eau, le retire vivement et entraîne une forte bulle d'air dont il reste couvert. Celle-ci s'attache, non seulement aux poils de l'abdomen, mais elle est aussi tenue entre les deux pattes de derrière, croisées à angle très aigu. De retour à la cellule l'araignée retourne son ventre et dégage la bulle. »

L'argyronète renferme ses œufs dans une coque ovale qu'elle suspend à l'intérieur de la cellule. Ils sont très-petits, sphériques et au nombre d'une centaine. L'insecte est brun ; les poils épais qui le couvrent donnent à la surface un ton grisâtre ; sur le céphalothorax apparaît une légère teinte rouge. Une autre araignée, appelée quelquefois araignée aquatique, ne doit pas être confondue avec la précédente ; elle est d'un rouge vif et d'un aspect velouté.

Les phryganes appartiennent à l'ordre des trichoptères. On les reconnaît aux longs poils qui couvrent les ailes et les dépassent comme une frange. Toutes ont des antennes longues et minces et chez plusieurs, telles que les mystacides, ces organes présentent un développement triple de celui de la tête et du corps. Suivons la phrygane depuis l'œuf jusqu'à l'insecte parfait.

Dans la saison de la ponte on voit la femelle porter avec elle un double paquet de petits œufs ver-

dâtres, probablement pour les exposer aux rayons
de soleil avant de les plonger dans l'eau. Ce paquet,
de forme oblongue et dont les extrémités se fixent
à l'abdomen, est fortement courbé au milieu. Averti
par l'instinct, l'insecte se rend à l'eau et attache les
œufs à une feuille de plante aquatique ; quelquefois même il descend le long de la tige, car, s'il
court rapidement sur l'eau, il sait aussi nager sous
la surface. Les larves étant écloses, elles se construisent des demeures dont les matériaux et les
formes varient à l'infini. L'enveloppe la plus répandue se compose de petits brins d'herbe et de bois placés longitudinalement comme les faisceaux des con-
suls de Rome. J'en possède plusieurs de cette façon
mesurant depuis quinze millimètres à peine jusqu'à cinq centimètres ; il y en a une, dans ma collection, formée d'une tige creuse de ciguë d'eau ;
d'autres sont faites de l'épiderme du roseau commun.
On compte encore tout une série construite de débris
de foin que le vent avait sans doute portés à l'eau ;
dans ce cas les brins sont placés en se croisant. Les
enveloppes des graines de l'orme sont également
employées souvent par les larves. Ces dernières font
aussi des cylindres composés de sable et de fragments de coquilles reliés entre eux par un ciment
imperméable.

On a fait différentes expériences pour observer
la manière de construire des larves de phryganes.
Une dame, Miss Smee, a surtout réussi à obliger
ces insectes à employer les substances les plus in-
solites, telles que de la poudre d'or, du verre pilé,

etc. ; mais elle n'a pu parvenir à leur faire mettre en usage des perles de verre ou tout autre objet à surface unie.

Les larves trouvent dans ces remarquables demeures assez de sécurité, car une substance cornée protège la tête tandis que l'abdomen est abrité par l'enveloppe. A l'exception d'une ou de deux espèces, elles se nourrissent uniquement de matières végétales. Arrivées au terme de leur existence de larve et au moment de se changer en nymphe, elles ferment l'ouverture de leur demeure par un filet à grosses mailles ; sur le point de se métamorphoser en insecte parfait, elles percent le filet au moyen de deux fortes mandibules, remontent à la surface, brisent leur enveloppe et prennent leur vol dans l'espace.

Visitons maintenant les mers des pays plus chauds ; elles nous offriront de magnifiques exemples de demeures sous-marines. Examinons d'abord ces merveilleux animaux, les coralliaires, dont les travaux incessants forment des récifs et donnent naissance à des îles habitables. Dans la période active des polypes, c'est-à-dire depuis le mois de mai jusqu'au mois d'août, il naît des milliards de ces êtres. En passant de la bouche de leurs parents dans l'eau, ils prennent la forme d'un flacon et sont pourvus de cils vibratiles, au moyen desquels ils se meuvent dans l'eau avec assez de rapidité. Au bout d'un certain temps, ils s'allongent et ressemblent à de petits vers blancs ; dans cet état ils s'attachent par leur base à un rocher. Cela fait, ils changent de nouveau et se développant en largeur, offrent l'aspect de l'oursin. Dans cette quatrième période la bouche se trouve entourée de huit petites saillies, en forme de coussin ; c'est de là que naîtront les filaments tentaculaires qui donnent à l'animal l'apparence d'une fleur. Arrivé à cette phase de son existence, le jeune coralliaire est animé de forces nouvelles. Sur différentes parties s'élèvent de petites saillies où l'on remarque bientôt des ouvertures semblables à celles de la bouche du polype et qui finissent également par se garnir de tentacules. Arrivés à maturité, ces coralliaires supplémentaires donnent naissance à d'autres bourgeons ; de manière que l'accroissement se fait avec une très grande rapidité, sans parler des nouveaux établissements fondés par les jeunes polypes qui sortent de la bouche des parents.

Ceci nous donne seulement une idée de la reproduction des coralliaires, mais nous ne connaissons pas encore la formation du corail ni les rapports qui existent entre cette substance et les animaux.

Le lecteur, en examinant une branche de corail commun, remarquera de légères cannelures sur toute son étendue et des saillies en forme d'étoiles.

Si ce morceau de corail pouvait être revêtu des créatures vivantes qui l'ont déposé, on verrait un merveilleux spectacle. Tout près du noyau calcaire se trouve une série de vaisseaux allongés, dont chacun correspond à une cannelure; au dessus d'eux est placée une masse confuse de vaisseaux irréguliers, communiquant entre eux. Les belles fleurs des co-

ralliaires, dont le corps est d'un rose vif et les
tentacules d'un blanc pur, s'élèvent de distance en
distance. Ces derniers s'agitent continuellement ;
une grande branche de corail quand elle est complétement saine est d'une beauté vraiment impo-
sante.

L'animal possède la faculté de déposer la ma-

Branche de corail commun.

tière calcaire dont il est composé sous la forme de
spicules dont l'apparence varie selon les différentes
espèces. Dans le corail rouge ordinaire, elles sont
à peu près cylindriques et garnies de pointes aiguës.
Un ciment rouge relie les spicules entre elles ; c'est
ainsi que naît le corail. Ajoutons qu'il meurt dès
qu'on le retire de la mer. Toute l'écorce alors se
dessèche et se réduit en poudre sous les doigts.

La clavellaire verte est l'espèce la plus remarquable du genre. On la trouve dans l'île de Vanikoro, adhérant par grandes masses aux rochers madréporiques. Les tubes sont presque cylindriques; ils s'amincissent et forment un pédon"cule plus ou moins courbé. Le tissu en est un peu corné, ils se trouvent très rapprochés les uns des autres sans pourtant adhérer. L'animal qui les produit a la forme cylindrique et possède huit tentacules d'un gris violacé. Les tubes sont verts jusqu'à la moitié supérieure, le reste offre une couleur brune nettement tranchée.

Cet objet arborescent, couvert de longs appendices en forme de vrilles, dont chacun se termine par une étoile, c'est le zoophyte appelé *xenia alongata*. Chez quelques espèces, les tentacules se colorent de bleu de différentes nuances, chez d'autres de rose et chez d'autres encore de lilas. L'espèce actuelle se distingue par la forme allongée de son corps ; elle est brune et se trouve aux îles Fééjées. Comme toutes les autres, elle perd une grande partie de sa beauté, si on la retire de l'eau.

L'astrée verte est un des objets les plus remarquables du monde des zoophytes. Les êtres de cette espèce ressemblent un peu à l'anémone et possèdent autour d'une bouche centrale un grand nombre de petits tentacules. Ils ont le corps plus large au sommet qu'à la base et marqué de sillons circulaires. Ils mesurent environ quinze centimètres et vivent par masses de la grosseur du poing. **Les cupules que se construisent ces zoophytes sont**

profondes et de forme conique; l'animal sait s'y
contracter de façon à ne laisser voir à l'ouverture
qu'un petit cercle vert formé par les extrémités
des tentacules. Cette espèce se rencontre dans l'île
Vanikoro.

Citons encore le tubipore musique, zoophyte
remarquable qu'on trouve près de Carteret dans
la Nouvelle-Irlande, à une profondeur de deux
à trois pieds. Il est de forme cylindrique et a
des tentacules légèrement rosés tandis que les
tubes brillent d'un rouge vif. La masse de corail
qu'il produit est fragile, au point de s'écraser
sous la pression du pied. Les tubes parfaitement
cylindriques, n'adhèrent pas les uns aux autres,
mais ils sont séparés par des cloisons semblables
aux planches à travers lesquelles passent les tuyaux
d'un orgue.

La grandeur de l'animal ne dépasse pas la distance
d'une cloison à l'autre. Voici comment il opère pour
construire cet assemblage de tubes et de cloisons
en apparence si compliqué. Il sécrète autour de lui
la matière calcaire nécessaire à la formation du
tube et lorsque ce dernier a atteint une certaine
étendue, le tubipore l'abandonne. Il fait la cloison
au moyen d'une sécrétion fournie par le bord du
manteau, membrane qui attache l'animal au tube
et commence la construction d'un second tube immédiatement au dessus de celui qu'il vient de quitter. La cloison présente une épaisseur double de celle
des tubes et se trouve perforée.

Au fond de la mer s'agite une quantité innom-

brable d'animaux curieux, que la science appelle
des annélides tubicoles. Ce sont de véritables architectes, construisant eux-mêmes les tubes qu'ils
habitent et employant souvent comme matériaux
des grains de sable, des fragments de coquilles agglutinés par eux. Les plus abondants et les mieux
connus constituent la famille des serpules. Le groupe
des annélides comprend les vers de terre, les sang-

Serpules.

sues, les néréides, etc., tous animaux sans pattes
véritables et dont le corps se compose d'un grand
nombre d'anneaux. Ils ont généralement des branchies en forme de panache attachées à la partie an-
térieure du corps ou des branchies répandues sur
toute la surface; quelquefois même, elles ne sont
pas apparentes.

Le tube des serpules est cinq ou six fois plus long
que l'animal ; il offre par conséquent, en cas de dan-

ger, une retraite sûre et profonde. Le lecteur se demandera sans doute comment la serpule peut y respirer? De l'orifice du tube se projette un appendice
singulier en forme d'éventail et qui chez l'animal
vivant se trouve splendidement coloré de rouge et
de blanc. Ce sont des branchies que la serpule peut
faire sortir ou rentrer à volonté. Le lecteur, s'il le
peut, fera bien de se procurer un groupe de ces
animaux qu'il placera dans un peu d'eau de mer.
En les observant au microscope, il aura soin de
fixer ce dernier, car ils sont tellement vite effarou-
chés que le moindre mouvement les fait disparaître instantanément dans leur tube. Cette rapidité,
qu'on peut comparer à celle de la foudre, est due à
un appareil de crochets placé sur la partie anté-
rieure du corps. Si l'on songe que sur chaque tubercule charnu, tenant lieu de pieds, il se trouve quatorze à quinze cents crochets très acérés et dentelés
sur le bord intérieur, on comprendra avec quelle
force l'animal s'attache à la membrane tapissant le
tube. Le microscope nous montre également les
crochets fixés à de longues bandes tendineuses
d'une grande force malgré leur apparence délicate;
leur contractilité permet à la serpule de saisir la
membrane ou de l'abandonner. Les organes par lesquels elle se pousse hors du tube se composent de
soies roides et transparentes, implantées sur les tubercules et qu'une pointe barbelée fait singulièrement ressembler aux flèches de certaines peuplades
sauvages. L'habitude qu'elles ont de vivre toujours
en grand nombre leur donne une force remarquable.

Si l'observateur a réussi à placer son œil à la loupe sans causer d'alarme à l'animal, il jouira d'un admirable spectacle ; il verra les branches s'élever en panache et rayonner autour de l'ouverture en courbe gracieuse, tandis que le sang, circulant sous la membrane translucide, leur communiquera des teintes splendides. Elles servent non-seulement à la respiration, mais encore, elles aident la serpule à se procurer de la nouriture ; car étant forcément stationnaire et possédant en même temps un très-grand appétit, elle mourrait de faim, si elle n'avait d'autre subsistance que celle que les vagues peuvent amener à sa portée. On peut voir, avec un verre grossissant assez fort, les branchies garnies à l'extérieur de cils vibratiles, dont le mouvement continuel cause un courant qui tout à la fois baigne les branchies, apporte l'air nécessaire au renouvellement du sang et fait entrer dans la bouche l'eau de la mer qui contient toujours une ample provision d'animalcules invisibles à l'œil nu, mais fournissant à la serpule une nourriture suffisante. Tant que les branchies sont en dehors, le courant se fait sentir et l'animal respire et se nourrit.

Nous arrivons maintenant à cette partie merveilleuse du corps appelée l'*opercule* ou couvercle. C'est un appendice conique attaché au tube, dont il bouche l'ouverture, lorsque les branchies ont été retirées. On reconnaît maintenant qu'il est formé du développement d'une des antennes, l'autre en étant dépourvue. Chez une espèce *enpomatus boltoni*, on le trouve garni d'une vingtaine de pointes dures de nature calcaire. Le docteur Philippe qui s'est surtout occupé de l'opercule, les appelle des « cornes » et dit qu'elles sont toujours dentelées. Une autre espèce se fait remarquer par son tube dont l'orifice est protégé par une sorte de capuchon se projetant du bord supérieur, comme une visière de casquette. Il y a encore une espèce de serpules qui possède un opercule corné, elliptique et garni de plusieurs cornes dentelées. L'opercule le plus extraordinaire est fourni par l'espèce *pomatostegus;* il est composé de trois étages qui vont en diminuant de haut en bas et ressemble un peu à une fusée de montre.

L'animal que nous avions supposé soumis à l'examen du microscope, possède un opercule corné, canelé et plus ou moins conique ; sa forme se rapproche de celle d'un verre à vin.

La térébelle, si commune sur nos côtes, construit également des tubes, mais qui sont mous et flexibles quoique formés de matériaux plus dures que ceux qu'emploie la serpule. Elle se sert de sable aggluriné. Il est facile de se rendre compte du travail de la térébelle en la plaçant, privée de son tube, dans un vase rempli d'eau de mer ; on y ajoutera une pierre, derrière laquelle elle aime à s'abriter, et une poignée de sable. Ne travaillant que la nuit elle se tient le jour près de la pierre et ne donne d'autre signe de vie que quelques faibles mouvements de ses tentacules. A mesure que le jour décline, les mouvements augmentent d'intensité ; vers le soir l'annélide se trouve en pleine activité. Je ne puis

mieux faire que de donner au lecteur la description
suivante du professeur Rymer Jones :

— « Les tentacules s'étant répandues à l'orifice
du tube comme autant de fils tenus, chacune d'elles
saisit un ou deux grains de sable et amène sa charge
au sommet de ce tube pour y être employée selon
les nécessités du travail. Si un grain s'échappe, il

La térébelle.

est soigneusement relevé et mis en place. Le travail
se continue plusieurs heures sans résultat bien apparent ; mais si, le lendemain, on examine le tube,
on le trouve considérablement allongé ou à défaut
d'agrandissement on pourra voir l'orifice entouré
de minces fils composés de molécules de sable agglutiné. L'architecte se livre de nouveau au repos,

mais le soir il reprend toute son activité et le **tube**
marche avec rapidité vers son achèvement.

A première vue, les tentacules semblent être de
longs fils cylindriques, charnus et possédant une
grande flexibilité ; un examen minutieux nous
montre la surface qui touche à un objet étranger,
s'aplatissant et acquérant une largeur deux ou
trois fois plus grande. Les grains de sable sont sai-
sis et retenus, pendant le transport, à l'orifice dans
une entaille profonde ressemblant presque à une
fente. En effet, le tentacule se transforme en long
ruban plat se pliant dans sa longueur pour maintenir les grains.

Ces organes qui, contractés, forment un pinceau à
peine deux fois plus gros que le corps de la térébelle, possèdent une telle extensibilité qu'ils peuvent
se déployer à une longueur de dix centimètres ou
de la moitié du corps et balayer la superficie d'un
cercle de vingt centimètres de diamètre. Une mince
couche, semblable à de la soie, garnit l'intérieur du
tube et sert en même temps à cimenter les innombrables parcelles dont il se compose. Cette substance soyeuse provient d'une humeur visqueuse
sécrétée par le corps de la térébelle. »

Une espèce construit son tube de fragments de
coquillages. Lorsque la tempête a endommagé sa
demeure, ce qui arrive fréquemment, elle étend
dans toutes les directions ses longues tentacules et
porte les matériaux à l'ouverture, ayant soin de pro-
portionner le nombre des tentacules au poids de la
charge. Après avoir placé les matériaux à portée,

elle les range en cercles réguliers en les agglutinant avec une sécrétion qui se transforme dans l'eau en substance gélatineuse et donne au tube de la flexibilité.

Il est à remarquer que la térébelle ne construit pas de tubes dans la première partie de son existence. Alors, elle nage librement comme les néréïdes et d'autres annélides de mer et possède une tête, des yeux, des pieds et des antennes. A l'état parfait, ces organes lui font défaut et les pieds sont remplacés par des touffes de crochets et de soies au moyen desquels elle monte ou descend dans son tube.

Une autre espèce appelée quelquefois le **potier**, sait donner à la vase de la mer assez d'adhérence pour la façonner en tube. Elle se distingue par des tentacules qui se projettent à vingt ou vingt-cinq centimètres de l'ouverture, longueur double de celle du corps.

Une dernière espèce fait, non-seulement un tube de vase agglutinée par une sécrétion visqueuse, mais elle tisse aussi un filet très compliqué et qui ressemble un peu à la toile de l'araignée. Il se compose d'une quantité de fils très-forts mais d'une ténuité telle, qu'ils deviennent presque invisibles dans l'eau. Ils enlacent le corps et servent probablement à protéger les œufs, car ils n'existent qu'au mois de mai, époque de la ponte.

Nous arrivons maintenant au groupe des annélides tubulaires appelés sabelles, parce qu'ils vivent dans le sable et emploient cette substance dans presque tous les cas. Les tubes présentent une grande diversité de formes ; quelquefois, ils ressemblent aux demeures des serpules et il faut un œil exercé pour saisir la différence.

Une variation de cette espèce, la trompette, se trouve ordinairement fixée à des pierres ou à des coquillages. Son tube, au lieu d'être tordu comme chez la serpule, est presque droit et ressemble à la trompette militaire ou au « tuba » des Romains. Il atteint parfois une longeur de vingt à vingt-cinq centimètres. Les branchies de cette espèce sont blanches, pointillées d'écarlate et se déployent en une élégante couronne de plumes. L'absence d'un opercule, appendice remarquable de la serpule, permet de reconnaître les deux espèces.

La sabelle commune se rencontre en abondance sur nos côtes. Le promeneur peut y voir de grandes masses de sable agglutiné et perforé en mille places. En les examinant de près, on les trouve composées d'une immense quantité de tubes attachés ensemble. Lorsque la mer les couvre, on voit à chaque orifice une ravissante touffe de plumes ; ce sont les tentacules de la sabelle au nombre d'environ quatre-vingts, et comme ils sont très flexibles et toujours en mouvement, l'aspect en est plein d'élégance.

Les tubes varient beaucoup dans leur structure; quelquefois la sabelle se construit un tube aussi long et aussi fort qu'elle le peut; d'autres fois, elle se contente d'une demeure qui est à peine assez grande pour contenir la moitié de son corps. Elle travaille avec une grande activité, même quand elle est enfouie dans un aquarium.

Un autre groupe d'annélides tubulaires construit des demeures qui, au moment de se trouver ache-vées, sont tout à fait transparentes. L'amphitrite dorée nous en fournit un remarquable exemple. Son tube est plus long que son corps et se compose entièrement de la secrétion gélatineuse qui, chez la

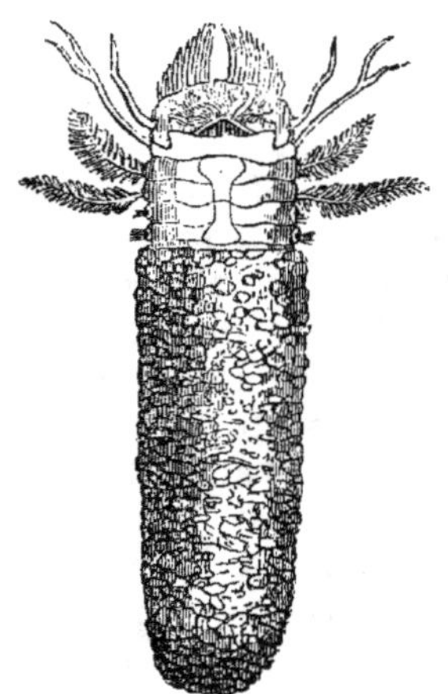

L'amphitrite dorée.

plupart des espèces, sert de ciment pour relier les différents matériaux. Elle se produit assez abon-damment chez l'amphitrite dorée pour former le tube entier. L'animal ne se contente pas d'un seul, mais il en construit plusieurs. Le tube, quand il vient d'être fait, offre une telle transparence qu'on voit l'habitant comme au travers d'un verre ; plus tard il s'incruste de vase et de sable et ressemble à du cuir souillé. Cette amphitrite mesure sept centimètres à huit centimètres en moyenne ; elle a les branchies décorées de brun et de jaune. Comme beaucoup d'annélides tubulaires, elle se montre très-timide et, à la moindre alerte, se retire dans son tube dont elle contracte l'orifice.

L'amphitrite éventail construit son long tube qui ressemble à du cuir de soulier, mais qui se compose de vase et de la sécrétion de l'animal. M. Rymer Jones décrit ainsi le procédé de construction :

« Supposons une amphitrite dans un récipient rempli d'eau de mer. Si on y laisse tomber une goutte de vase liquide, elle se mettra de suite en mouvement ; des milliers de cils garnissant les branchies en panache déploient une vigoureuse activité et sous leurs efforts incessants accumulent les parcelles diffuses, en une masse que l'on voit s'agrandir au fond de l'entonnoir. Puis, le cou ou le premier anneau du corps s'élève au dessus de l'orifice, montre deux lobes charnus ou truelles qui aplatissent ou pressent les bords. Pendant ces opérations les matériaux descendent des racines des branchies aux truelles, tandis qu'un autre organe, la bouche peut-être, y mêle la substance adhérente. A mesure que la masse de vase diminue, l'activité de l'annélide s'apaise aussi. Bientôt survient un repos complet et on s'aperçoit que le tube a été allongé. »

Les branchies de cette espèce sont très-belles ; elles forment par leur rayonnement symétrique un entonnoir presque complet et sont splendidement colorées d'écarlate, de vert, de brun et d'or. Il existe encore d'autres espèces d'amphitrites que le défaut d'espace nous oblige à passer sous silence.

XXI

HABITATIONS EN COMMUN. — MAMMIFÈRES SOCIABLES

Le castor. Sa digue. Opinions erronées. Mode de construction. Les demeures ou loges des castors. Passage souterrain. Chasse aux castors. — Les paresseux.

Parmi les mammifères sociables, le castor occupe la première place et présente le type le plus caractérisé. Sa forme indique suffisamment qu'il se trouve plus à l'aise dans l'eau que sur terre ; une fourrure laineuse, épaisse et protégée par une couche de longs poils, une large queue semblable à une pagaie et des doigts palmés ne laissent pas de doute à cet égard. L'eau semble pour lui une nécessité de premier ordre, et l'instinct lui dit de conserver au cours d'eau près duquel il s'est établi, un niveau à peu près constant. A cet effet, il commence par construire une digue en talus, et voici comment il s'y prend :

Après avoir choisi sur le bord un gros arbre, il y fait au moyen de ses quatre incisives une entaille

circulaire et continue à l'élargir en proportion de
sa profondeur de façon que l'arbre, étant presque
entièrement scié, ressemble en cet endroit à la partie rétrécie d'un sablier. Arrivé à cette phase de son
travail, le castor inspecte l'arbre de tous côtés comme
pour mesurer la direction dans laquelle il voudrait
le faire tomber. Ce point décidé il va donner au côté
opposé quelques bons coups de dents ; l'arbre s'incline et tombe par terre. Puis l'animal coupe le
tronc en morceaux, longs d'environ un mètre, dont
il construira la digue.

Plusieurs personnes dépeignent le castor comme
plus ingénieux qu'il ne l'est réellement et lui accordent des facultés n'appartenant qu'à l'homme ;
d'autres sont tombées dans l'excès contraire et nient
l'existence d'une digue bâtie à dessein. Elles attribuent celle-ci à la réunion fortuite de parties d'arbres amenées par les eaux. Cette opinion ne peut se
soutenir, car la digue se trouve justement placée à
l'endroit le plus convenable et est appropriée à la
force du courant. Là où l'eau coule lentement, la
digue la traverse en ligne droite ; dans le cas contraire, le castor lui fait subir une courbe en diri-
geant la convexité contre le courant. Quelques-
unes des digues ont deux à trois cents mètres de
longueur sur trois à quatre d'épaisseur ; leur forme
droite ici, convexe là, correspond exactement à la
force du courant. Elles se font, non en enfonçant
les pièces de bois en guise de pilotis, comme on l'a
prétendu, mais en les couchant horizontalement
dans l'eau et en les couvrant de terre et de pierres

Les castors et leurs habitations

jusqu'à ce qu'elles puissent résister au courant. On en place ainsi d'immenses quantités ; à mesure que l'eau monte, les castors y ajoutent d'autres matériaux, c'est-à-dire des branches et des troncs préalablement dépouillés de leur écorce.

La digue étant terminée, arrête le courant et intercepte tous les objets flottants qui viennent s'ajouter à sa masse. A ce point de vue, il est permis de dire qu'elle se compose *en partie* de morceaux de bois réunis par le hasard. Les castors apportent continuellement de la terre et de la vase de façon que la chaussée acquiert la solidité de la terre ferme et couvre la digue d'une alluvion fertile qui fait bientôt croître une riche végétation. On a vu sur une de ces digues, depuis longtemps construite, des arbres forestiers dont les racines, en reliant les matériaux, ajoutaient à la stabilité de la masse.

L'écorce qui recouvrait les pièces de bois n'est pas entièrement consommée ; les castors en cachent sous l'eau la plus grande partie pour servir de provisions d'hiver. Ils fixent aussi les petites branches aux fondations de la digue ; lorsqu'ils ont faim, ils plongent sous l'eau et en rapportent quelques morceaux à terre. Après les avoir rongés, ils en rejettent dans le courant les débris qui vont de nouveau s'ajouter à la digue.

La castor construit toujours sa demeure près de l'eau avec laquelle il a soin de la faire communiquer par un conduit souterrain ayant une entrée dans la « loge, » pour me servir du terme technique, et une autre sous l'eau, à une assez grande profondeur pour n'être pas fermée par la glace. Grâce à ce système, l'animal peut toujours se rendre à son dépôt de provisions et rentrer chez lui sans se montrer à terre.

Les loges sont presque circulaires et ressemblent aux huttes de neige des Esquimaux ; elles sont à dôme, et mesurent en moyenne deux mètres à deux mètres cinquante centimètres de diamètre, sur une hauteur de un mètre. Je parle seulement des dimensions intérieures, car l'animal ajoute continuellement de la vase et des branches pour fortifier les murs qui, dans les grands froids, acquièrent la dureté de la pierre. Chaque loge peut contenir plusieurs habitants dont les couches sont rangées contre les murs.

Toutes ces précautions sont impuissantes contre l'adresse et l'expérience des trappeurs. Même en hiver, il n'y a pas de sûreté pour les castors. Les chasseurs frappent la glace et jugent par le son qu'elle rend s'ils se trouvent près d'une ouverture. Dans l'affirmative, ils la bouchent en brisant la glace et coupent ainsi à l'animal sa retraite sous l'eau. Puis ils suivent à terre, par des sondages répétés, le cours du conduit souterrain qui mesure souvent de huit à dix mètres ; en surveillant les différentes ouvertures, ils réussissent à s'emparer des castors. Les trappeurs ne s'adonnent à cette chasse que faute de pouvoir faire mieux, car elle est accompagnée de beaucoup de fatigues et de difficultés et les peaux ne se vendent plus aux prix élevés d'autrefois.

Les castors désertent généralement leurs loges en
été ; les femelles seules qui ont des petits y restent.
Les vieux mâles qui ne sont pas enchaînés par des
liens de famille se rendent à l'eau et y nagent en liberté jusqu'au mois d'août, époque à laquelle ils
regagnent leurs habitations. Certains individus de
ce genre appelés « les paresseux » par les trappeurs
ne vivent pas dans des loges et ne construisent pas
de digue. Ils habitent des galeries souterraines semblables à celle du rat d'eau commun. Ce sont toujours des mâles dont plusieurs habitent souvent le
même réduit. Le trappeur est heureux de rencontrer une demeure de paresseux, car la prise de ces
animaux est assez facile

XXII

LES OISEAUX SOCIABLES

Parmi les oiseaux sociables le tisserin ou gros-
bec sociable occupe une place aussi remarquable
que celle du castor chez les mammifères. Il
fréquente l'Afrique méridionale où, selon la nature des arbres du pays, on le rencontre en grand
nombre. Son plumage est d'un jaune pâle et
parsemé de taches brunes sur le dos. Le nid
quelquefois assez grand pour abriter cinq ou six
hommes, est d'abord commencé par un seul couple
et n'atteint ces énormes dimensions que par les
efforts réunis d'autres oiseaux qui s'associent à ce
travail. La première chose que fait le tisserin est
de se procurer une grande provision d'une herbe
qui semble spécialement destinée à cet usage. Elle
est très large, roide et dure; les colons l'appellent

l'herbe booschmannie parce qu'elle croît en abondance dans les régions habitées par les Booschman, gens des forêts. Le tisserin la porte à un arbre convenable, ordinairement un acacia girafe, car cette espèce est d'un bois très dur ; les branches, par conséquent, ne se cassent pas sous le poids des nids. L'oiseau suspend l'herbe à une branche et la tisse en forme de toit sous lequel se fixent une quantité de nids dont le nombre augmente avec chaque couvée. Il sont tellement rapprochés qu'on dirait une masse d'herbe percée de trous et l'on ne comprend pas comment l'oiseau retrouve sa demeure sans se tromper.

Bien que le toit reste le même pendant plusieurs saisons, les oiseaux ne se servent pas deux fois du même nid et en construisent un nouveau pour chaque couvée ; puis au lieu d'abandonner le toit lorsqu'il n'y a plus de places vides, ils l'agrandissent comme font les guêpes et les frelons. Par l'effet d'additions successives la masse se développe au point qu'on peut, de loin, la prendre pour une habitation d'hommes. L'histoire d'un lion et d'un hottentot fera comprendre sa grandeur.

Un hottentot surpris à son travail par un lion, se réfugia sur l'arbre le plus proche, un acacia girafe, et, y trouvant un nid de tisserins sociables, se cacha derrière la masse d'herbe. Le lion arriva au pied de l'arbre sans apercevoir sa proie. Après un certain temps l'homme avança un peu la tête pour voir si le chemin était libre ; ce mouvement le fit découvrir et le lion se coucha les yeux fixés sur l'arbre. Durant des heures entières il garda cette attitude, quand vaincu par la soif et par la faim il finit par s'en aller. Le hottentot profita de cette circonstance et se sauva en toute hâte sans avoir eu d'autre mal que la peur!

A chaque saison nouvelle les oiseaux agrandissent leur nid jusqu'à ce que la branche se brise sous son poids. Il est rare que cet accident arrive à l'époque de la ponte ; il a ordinairement lieu pendant les grandes pluies, l'herbe sèche absorbant une grande quantité d'humidité, la branche ne peut plus supporter le nid. Ceux qui connaissent Bornéo et ses habitants remarqueront l'analogie qui existent entre ces nids et les maisons des Dyaks dont chacune est, en réalité, un village entier, abritant sous un seul toit toute une communauté.

Ces oiseaux n'ont pas beaucoup d'ennemis ; cependant les serpents sont très friands des œufs et des petits; les singes se montrent non moins avides de ce genre de nourriture. Aux premiers, la structure du nid offre une insurmontable barrière ; quand aux seconds, ils ne peuvent atteindre que les nids placés tout près du bord. Les ennemis dont ces républicains modèles souffrent le plus sont des perruches d'une petite espèce qui, heureuses de s'épargner un travail fatigant, s'emparent des nids et chassent les possesseurs légitimes.

Au début, les nids sont plutôt longs et étroits ; à mesure qu'ils augmentent ils prennent la forme d'un parapluie ouvert. Ajoutons, pour donner une idée de leur volume, que dans un seul édifice inachevé, Le Vaillant a compté, en dehors des nids vides des saisons précédentes, trois-cent-vingt nids dans chacun desquels un couple d'oiseaux élevait une nichée de quatre ou cinq petits.

XXIII

INSECTES SOCIABLES

Le lecteur a sans doute observé que plusieurs insectes, surtout de l'ordre des hyménoptères, ont été omis dans les précédents chapitres, bien qu'ils eussent le droit d'y figurer, par suite des différents caractères réunis en eux. Je me suis tenu, pour ces cas, au caractère le plus prononcé et c'est d'après lui que j'ai classé les insectes.

Les hyménoptères occupent parmi les insectes sociables une place aussi éminente que parmi les constructeurs. Leur grand nombre m'oblige à faire choix des plus intéressants. Le Musée Britannique possède des nids fort remarquables faits par des polybies, et dont notre gravure offre un exemple.

Le nid presque sphérique, est creux et porte des cellules en dehors et à l'intérieur. Celles-ci ne sont pas placées verticalement à l'entrée du

Nid de polybies.

bas, comme chez les guêpes et les frelons, **ni** horizontalement comme chez les abeilles ; elles sont disposées de façon à rayonner du centre du nid. Une autre singularité s'y fait remarquer : on verrait le nid, en l'ouvrant, composé de couches concentriques qui sont faites comme des sphères creuses, l'ouverture des cellules étant tournée en bas.

Dès qu'une couche est terminée, les insectes l'abritent sous une enveloppe des mêmes matériaux employés à la construction des cellules. Au lieu de les agrandir comme font les abeilles et les frelons, quand le besoin s'en fait sentir, ils bâtissent sur sa surface une nouvelle couche de cellules qu'ils couvrent de la même manière. Le nid s'agrandit ainsi par l'addition de couches concentriques, composées alternativement d'un rayon et de son enveloppe.

D'autres insectes du même genre font des constructions également fort remarquables. Leur nid est beaucoup plus long que large et se trouvant fixé à une feuille dans toute son étendue, frappe moins la vue que le précédent. En effet la couleur de la feuille desséchée se confond tellement avec les tons bruns du nid qu'il est facile de passer devant ce dernier sans le remarquer.

Une troisième espèce de polybies bâtit des nids qui ressemblent à celui du chartergus et d'autres hyménoptères à habitations suspendues. Le Musée Britannique possède encore différents nids de polybies. Parmi eux, il s'en trouve un qui est attaché à l'écorce d'un arbre avec laquelle il se confond, probablement dans le but d'échapper aux attaques des oiseaux et d'autres insectes. Beaucoup de nids sont fixés à la partie inférieure d'une feuille dont la forme semble généralement déterminer celle du nid.

Pour des raisons données au commencement de ce chapitre, j'ai classé l'abeille domestique parmi les insectes sociables. Cet insecte réclame nos plus vives sympathies à cause de son utilité si universelle ; mais n'aurait-il jamais produit ni miel, ni cire, il mériterait encore notre admiration pour la merveilleuse structure de son habitation et pour la manière dont la communauté est administrée.

Il n'est pas besoin de répéter ici les faits si connus de la constitution des abeilles, ni de décrire les devoirs de la reine, des faux bourdons et des ouvrières. Disons seulement que la première est aussi la mère de la ruche, que les ouvrières sont des femelles non développées et que les faux bourdons sont des mâles qui ne travaillent pas et n'ont pas d'aiguillon. La reine a l'abdomen long en proportion de sa largeur, les ailes étant fermées se croisent un peu, signe très apparent de la souveraineté. Les faux bourdons se distinguent par un volume et des yeux plus grands, et par un abdomen large et arrondi.

Il y a dans une ruche trois espèces de cellules, cellules d'ouvrières, cellules de faux bourdons et cellules royales. Les deux premières sont hexagonales ; on les distingue par la grandeur des cellules des faux bourdons. Les habitations royales ne ressemblent pas aux demeures des sujets et se trouvent presque toujours sur le bord du rayon. Elles sont plus grandes que les cellules ordinaires ; la quantité de cire qui s'y emploie contraste singulièrement avec l'économie sévère qui a présidé aux autres constructions.

La petite larve, placée dans une cellule royale ne

reçoit pas la même pâture que les autres abeilles ; on lui fournit une nourriture apparemment plus stimulante. Il est bien constaté que si une larve, éclose dans une cellule d'ouvrières, est placée dans une cellule de reine et nourrie de la pâture royale, elle devient une abeille-reine, apte à peupler et à gouverner une ruche. C'est ce qui a lieu, si à la mort d'une reine les cellules royales se trouvent vides de larves.

Les cellules ne servent pas seulement d'habitations aux petits et de magasins; elles abritent aussi les abeilles qui cherchent à s'y reposer. Elles s'y enfoncent ne laissant visible qu'une partie de l'abdomen; si en hiver on examine une ruche, on trouve chaque cellule vide habitée par une abeille. Ce qui distingue le rayon des abeilles de celui des autres insectes, c'est la manière dont les cellules sont disposées en doubles séries. Les rayons des guêpes et des frelons sont simples et placés horizontalement de façon que les cellules aient l'ouverture en bas et la base en haut. Les bases réunies forment un plancher sur lequel marchent les nourricières en donnant à manger aux larves enfermées dans les alvéoles au dessus d'elles. Les rayons des abeilles se composent de deux couches de cellules placées horizontalement, comme si l'on arrangeait sur une table des dés se touchant par leur sommet, mais dont l'ouverture serait tournée dans des directions opposées. Mais les bouts arrondis des dés offriraient peu d'adhésion et causeraient une grande perte de place. Pour corriger ce défaut

l'abeille façonne le fond des cellules en une sorte
de cupule a trois côtés, et si l'on brise les parois de
ces cellules en ne laissant subsister que les bases,
on trouve que chaque cupule se compose de trois
cloisons de cire en forme de losanges exactement
semblables entre elles.

On a souvent demandé d'après quels principes
l'abeille construit son rayon. Cette question n'a pas
encore été résolue d'une manière satisfaisante. Un
entomologiste très ingénieux a prétendu que l'insecte en plaçant les griffes des pattes de devant les
unes contre les autres embrassait un espace hexa-
gonal dont le thorax formait un côté. Une théorie
plus populaire est celle de la *sculpture* comme on
pourrait l'appeler.

On suppose l'abeille commençant sa tâche par
pétrir un morceau de cire sur la barre qui soutient
un rayon, puis elle y creuse d'un côté un trou pareil
à une lentille concave. Autour de ce trou ou bassin, elle en creuse six autres d'un diamètre égal,
de façon qne les bords se touchent presque. Après,
elle coupe la cire de chaque bassin et en la rédui-
sant à la minceur nécessaire arrive à produire une
cellule hexagonale. Une seconde abeille travaille en
même temps de l'autre côté de la cire, ayant soin
de faire coïncider le centre de son premier bassin
avec le point de réunion des trois bassins du côté
opposé. Ce système produit une série de bassins
hexagonaux d'où s'élèvent les cloisons des cellules
futures.

Il y a dans cette théorie une certaine plausibilité

qui n'est pas sans attraits, mais elle suppose chez
l'insecte le talent de résoudre des problèmes tout
aussi difficiles que ceux qu'elle prétend expliquer.
Selon une autre appréciation, l'abeille construirait
des cellules cylindriques qui deviendraient hexagones d'après le principe suivant lequel des cylindres, faits d'une substance non résistante, prennent
en tous sens, sous une pression égale, la forme
hexagonale.

On pourrait écrire bien des pages sur l'abeille et
ses mœurs, mais cet ouvrage, se bornant aux habitations des animaux, nous ne pouvons la considérer
que comme constructeur. Cependant il faut parler
des matériaux formant le rayon.

En examinant le corps d'une ouvrière, on remarque sous l'abdomen six petites poches dont on peut
relever les pattes avec une aiguille. C'est là que se
sécrète la cire. Une abondante nourriture, du repos
et de la chaleur sont nécessaires pour produire cette
substance. Comme elle n'est secrétée que très lentement, les abeilles se montrent très économes de son
emploi. La cire est en vérité une merveilleuse matière ; assez molle, lorsqu'elle est chaude pour être
pétrie et étendue comme un mortier, elle durcit au
froid au point de porter le poids des petits et du
miel. Son grain est tellement serré que le miel n'y
pénètre pas, ce qui aurait lieu, si le rayon se composait de fibres ligneuses comme chez les guêpes.

Il est à remarquer que l'abeille produit non seulement le miel, mais aussi la cire dans laquelle il est
conservé. Plongeant sa trompe velue, dans le ca-

lice de certaines fleurs, l'abeille la retire chargée
d'une liqueur mielleuse ; puis la passant entre ses
mandibules, elle enlève le suc et l'avale. Ce dernier entre alors dans le premier estomac, composé
en apparence d'une membrane très mince et qui ne
semble remplir d'autre fonction que celle d'un réservoir. Dès qu'il se trouve rempli, l'abeille retourne
à la ruche et dégorge son butin dans une cellule.
Pendant son séjour dans l'estomac la liqueur a subi
un changement et est devenue miel, substance qui
ne ressemble ni par le goût ni par l'odeur à celle
dont elle se compose. On ignore jusqu'ici comment
se fait cette transformation.

Les loges d'ouvrières et de faux bourdons ont un
double but : d'abord, elles abritent l'insecte dans ses
phases préliminaires, puis elles servent de dépôts
où se conserve la pâture. L'œuf de l'abeille-reine
est placé presqu'au fond de la cellule, à l'angle où
se rencontrent les pointes de losanges. Il en sort
au bout de très peu de temps, une petite larve
blanche qui reçoit des nourrices une abondante pâture et se développe avec une grande rapidité.
Après son dernier repas de larve, elle file autour de
son corps une coque de soie et y reste jusqu'à l'état
d'insecte parfait. Lorsque l'abeille a quitté la cellule, les ouvrières la nettoient et la remplissent de
miel. Elles y adaptent un couvercle de cire, qui ne
laisse pas pénétrer l'air et conserve le miel. On y
met aussi une bouillie, composée de miel et du
pollen des fleurs ; elle sert spécialement de nourriture aux jeunes larves. Nous voyons souvent les

abeilles retourner à la ruche, les jambes postérieures
chargées de pollen jaune, destiné à être converti en
bouillie.

Voici un autre insecte, aussi connu que l'a-
beille, mais qu'on rencontre plus rarement. C'est
le frelon commun dont le nid ressemble à celui de
la guêpe ; cependant il est de dimensions plus
grandes et se trouve ordinairement établi dans
un creux d'arbre, un bâtiment abandonné ou toute
autre localité de ce genre. On fait avec raison la
guerre aux frelons qui veulent prendre possession
d'une maison habitée, ce qui arrive quelquefois.
Étant plus grands que les guêpes ils font des piqûres beaucoup plus douloureuses. Ils attaquent avec
force tous ceux qu'ils supposent vouloir s'approcher
de leur nid dans une intention hostile et même
les poursuivront à une grande distance. Pour quiconque connaît le langage des insectes, il y a dans le
bourdonnement du frelon une menace de mauvais
augure, et quand on a été une fois en butte aux attaques de ces insectes, on évite volontiers une seconde rencontre de cette nature.

M. Stone, dont le lecteur connaît les nids de guêpes
m'écrit qu'il a également réussi à élever des frelons
et les a forcés de construire des nids infiniment supérieurs à ceux qu'ils font à l'état de liberté : —
« Ayant fait enlever d'un arbre, dit-il, un nid de
moyenne grandeur, je le plaçai dans une caisse
garnie d'un verre. Les frelons continuèrent leur travail et produisirent un nid admirable, très symétrique et varié de teintes superbes, car je leur avais

fourni du bois de différentes couleurs et je l'avais disposé de façon à les obliger à s'en servir.

Contrairement à ce que font les guêpes, les frelons travaillent une partie de la nuit, surtout quand la lune brille.

Il existe un animal très destructeur, la teigne du fusain, qui n'est que trop abondant au gré des jardiniers. Il a les ailes supérieures d'un beau blanc mat, avec plusieurs poils noirs; les ailes inférieures sont d'un brun foncé. Cet insecte ne devient nuisible qu'à l'état de larve. La plupart des chenilles s'attaquent seules aux feuilles, mais les larves de la teigne du fusain se réunissent par bandes et ne quittent pas un district sans l'avoir complétement ravagé.

Elles habitent des tentes placées entre les branches d'un arbre et composées de fils soyeux qui se croisent dans toutes les directions. Elles dépouillent l'arbre, comme si l'on enlevait avec la main tout le feuillage et procèdent dans leurs dégats avec méthode. Quand il s'agit d'attraper une nouvelle branche on envoie en avant des pionniers qui soit en grimpant, soit en se laissant descendre au bout d'un fil, y arrivent et sont bientôt suivis par la horde affamée.

Le lecteur se demandera pourquoi les petits oiseaux ne mangent pas les chenilles, d'autant plus qu'elles sont très visibles, passant d'une branche dépouillée à une autre. Un propriétaire me dit même un jour, en montrant son jardin ravagé, que l'indulgence euvers les oiseaux lui semblait en présence de ce spectacle, tout à fait erronée. Sa remarque, au premier abord, paraissait fondée, mais en examinant les arbres dévastés, on s'expliquait facilement pourquoi les moineaux ne s'étaient pas jetés sur les chenilles. La peur les en avait empêchés, les innombrables fils de soie allant d'une branche à l'autre étaient autant de barrières qui les effrayaient et arrêtaient leur vol. Nous savons qu'il suffit de passer quelques fils de coton à travers un groseiller pour empêcher les oiseaux de s'y poser. Les réseaux soyeux des chenilles, très élastiques et presque aussi forts que les fils du ver à soie, avaient produit le même effet.

Le bombyx chrysorrhée se trouve à l'état d'insecte parfait, fixé sur un tronc d'arbre et attendant le soir pour se livrer au travail. Cet insecte a le corps d'un blanc velouté ; il porte à l'extrémité de l'abdomen une touffe de poils jaunes qu'il arrache, dès qu'il a pondu ses œufs, pour les disposer au dessus de ceux-ci comme un toit de chaume. Les larves, à leur éclosion, conservent un caractère sociable et se construisent en commun une habitation très remarquable. Elle présente à l'extérieur la forme d'un sac, fait d'une soie très forte, d'un blanc sale. Un nid de ma collection trouvé sur une haie ayant été ouvert montre à l'intérieur une structure singulièrement belle. On y voit plusieurs feuilles d'un tissu soyeux, augmentant de finesse vers l'extérieur de façon que la dernière est d'un blanc pur et brillant comme du satin. La première enveloppe à l'intérieur est épaisse,

grossière et presque grise. De minces cloisons séparent le nid en plusieurs compartiments où l'on
voit les traces évidentes du séjour des chenilles. Les
larves étant écloses à la fin de l'été et devant passer tout l'hiver dans cette phase, elles exigent une
demeure très chaude. On sait que l'air est mauvais conducteur ; par conséquent, des feuilles successives de soie renfermant entre elles une couche
d'air, offrent contre le froid une protection beaucoup plus efficace qu'une masse solide de soie, ayant
la double épaisseur des trois feuilles, y compris
l'espace intermédiaire.

Le bombyx disparate construit aussi un nid
en commun qui, sans en posséder l'élégance,
ressemble au précédent ; le tissu en est aussi
moins fini. Tous ces nids se font remarquer
par leur solidité et par l'épaisseur des parois,
qualités indispensables à des habitations d'hiver. Il
existe cependant des chenilles qui filent une demeure commune, mais beaucoup plus légère, parce
qu'elles doivent la quitter avant l'approche du froid.
Dans toutes les haies où croissent les orties, on peut
voir d'énormes masses de chenilles noires qui se
transformeront en un beau papillon appelé paon du
jour. Examinées de plus près on trouve les chenilles habitant une demeure commune faite de gros
fils de soie et pareille à un filet à larges mailles irrégulières.

XXIV

LES INSECTES SOCIABLES

(SUITE)

Myrmica kirbii. Construction et matériaux du nid. — La fourm
chasse avant. Motif du nom. Sa force de destruction. — Manière de tuer les serpents. — La fourmi et le boa devin. Ordre de marche. — Effets funestes des rayons de soleil. — Voûte
improvisée. — Moyen d'éviter les inondations. — L'échelle vivante. — Vitalité d'une fourmi décapitée. — L'esclavage parmi
les fourmis. — Les abeilles cardeuses.

Nous avons déjà cité plusieurs espèces de fourmis parmi les insectes se terrant, mais il en existe
l'autres qui doivent être rangées avec les constructeurs d'habitations en commun. Une fourmi, découverte aux Indes par le colonel Sykes, le savant naturaliste, qui lui a donné le nom de myrmica kirbii,
trouve ici sa place. Elle bâtit son nid sur les branches des arbres, des arbustes, lui donne une
forme plus ou moins sphérique et le volume d'un
ballon à jouer. Elle se sert de bouse de vache qu'elle
façonne en petites écailles, qui disposées les unes sur

les autres comme des tuiles, permettent à la fourmi d'y entrer tout en empêchant là pluie d'y pénétrer. Une tuile beaucoup plus grande couvre tout l'édifice en guise de toit.

Le nid contient de nombreuses cellules, faites de la même matière où se tiennent les fourmis à tout état de développement. On n'y trouve pas de provisions ; les habitants paraissent devoir sortir tous les jours à la recherche de leur nourriture. Ces insectes mesurent à peine quatre millimètres et sont d'une couleur rougeâtre.

Le plus terrible de ces insectes est peut être la fourmi chasseuse de l'Afrique occidentale ou chasse-avant. Quoiqu'on la trouve en nombre infini, on ne l'a pas encore vue à l'état ailé, et on ne connaît ni le mâle ni la femelle. Les ouvrières sont d'un brun presque noir et varient depuis un centimètre jusqu'à un demi-millimètre. On les appelle fourmis chasseuses parce qu'aucun animal ne saurait leur résister ; tous fuient devant elles et évitent de traverser leur chemin. Elles tuent même le singe si elles parviennent à se fixer sur lui et quand elles pénètrent dans un toit à porcs, elles détruisent ces animaux en dépit de la peau épaisse dont ils sont couverts, et mettent à mort, dans une seule nuit, toute la population d'un poulailler. Les grands iguanes deviennent leur victime ainsi que tous les reptiles, y compris les serpents. Il paraît d'après les observations personnelles du docteur Savage, que les fourmis commencent par attaquer les yeux du serpent ; celui-ci aveuglé par ses féroces assaillants

se tord sur place en convulsions terribles, sans
chercher à s'enfuir.

Les indigènes disent qu'après avoir broyé sa
proie le boa devin ne la dévore pas immédiatement ; il parcourt le pays dans un cercle d'un mille
en diamètre, afin de voir si une armée de fourmis
chasseuses est en marche. Dans l'affirmative, il
s'enfuit et leur abandonne sa proie, mais si rien
n'indique l'approche de ces terribles insectes, il revient se gorger et s'abandonne ensuite à l'engour-
dissement de la digestion. Le docteur Savage ne
garantit pas ce fait : il le cite comme preuve de la
terreur que les fourmis inspirent aux indigènes.
Voici comment cet observateur décrit leur ordre de
marche :

— « Elles sortent par un temps couvert et surtout la
nuit, car les rayons directs du soleil leur deviennent
immédiatement funestes. Si l'abondance du butin
les retient au dehors jusque dans la matinée d'un
jour de soleil, elles construisent au dessus du chemin qu'elles parcourent une voûte, avec de la boue
agglutinée par une sécrétion de la bouche. Si leur
route les mène à travers une herbe épaisse, qui leur
offre un abri suffisant, elles s'abstiennent de faire
une voûte. Il est rare que celle-ci soit visible dans
la saison des pluies ou durant une succession de
jours couverts ; cependant leur piste reste très apparente, c'est un sentier battu et déblayé de tout
obstacle qui pourrait gêner la circulation.

Pendant leurs excursions, elles forment une
voûte avec le corps des plus grandes pour protéger

les travailleurs. Des mandibules à large ouverture, des membres longs et minces, des antennes en sail-lie concourent à former un réseau qui semble parfaitement remplir son but. A la moindre alarme, la voûte se rompt, les fourmis qui la composaient rejoignent celles de leur classe et s'élancent en furie à la poursuite de l'ennemi. En cas de fausse

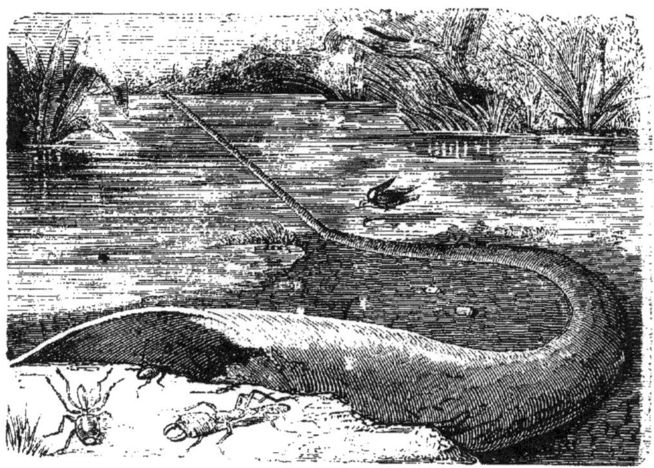

Les fourmis chasseuses.

alerte ou après une victoire, la voûte se reconstitue rapidement et la principale colonne s'avance dans l'ordre d'une discipline militaire intelligente.

Sous les tropiques, les pluies changent quelquefois et en peu de minutes tout un district en un véritable lac. Les demeures des fourmis chasseuses

se trouvent, par conséquent, inondées; sans un
instinct très remarquable, toute la race périrait.
Dès qu'ils voient l'eau s'avancer, ces insectes s'ag-
glomèrent en boules de la grosseur du poing, dont
les plus faibles, « les femmes et les enfants », selon
l'expression des indigènes, occupent le centre et les
plus vigoureux les entourent. Ces boules, étant plus
légères que l'eau, flottent à la surface jusqu'à ce
que le retrait des eaux fasse reparaître la terre
ferme.

La demeure de ces fourmis consiste ordinairement en un trou dans le sol ou dans une crē-
vasse de rocher. Elles recherchent les tombeaux,
qu'on creuse sur le versant des collines à une
profondeur de quarante centimètres environ.
Quand elles s'établissent près d'une habitation,
on cherche naturellement à les détruire; dans
ce but, les indigènes couvrent le nid de feuilles
sèches de palmier auxquelles ils mettent le feu;
mais ce moyen n'est guère efficace, car elles échappent pour la plupart. On les retrouve suspendues
aux arbres en grappes et en longs festons qui allant
d'une branche à l'autre forment pour ces insectes
autant d'échelles. Voici comment se font ces festons: une seule fourmi se suspend solidement à
une branche, une seconde, descendant avec précaution, se cramponne à ses membres étendus. D'autres suivent rapidement, au point de former une
chaîne complète qui s'abandonne au vent. Puis une
des grandes travailleuses, placée au dessous du
bord flottant, le saisit étroitement de ses pattes de

devant au moment favorable et l'échelle se trouve prête pour le passage des insectes.

Elles se servent du même moyen pour traverser l'eau. Grimpant à l'extrémité des branches qui se trouvent au dessus d'un cours d'eau, elles forment une chaîne et la prolongent jusqu'à la surface. Les longs membres de la fourmi la soutiennent sur l'élément liquide, d'autant plus qu'elle est aidée par la fourmi suspendue au dessus d'elle et à laquelle elle se tient. La chaîne flottante se prolonge de cette manière jusqu'à ce que le courant porte le bout libre de l'autre côté. Alors la fourmi qui forme l'extrémité s'accroche à une pierre ou à une racine qu'elle saisit de façon à tendre la chaîne qui devient ainsi un pont suspendu sur lequel les fourmis traversent l'eau. Notre gravure montre une colonne en marche. L'avant-garde a déjà passé l'eau en formant une chaîne que l'on voit attachée à une branche. On y remarque aussi leur voûte fragile, ainsi que plusieurs des plus grandes ouvrières, car les petites ne quittent jamais leur chemin couvert.

Ces insectes possèdent une singulière vitalité. Le docteur Savage n'a pu les détruire qu'avec de l'eau bouillante ; celles qui semblaient mortes après un séjour de douze heures dans l'eau froide, reprirent toute leur activité peu de temps après qu'on les eut retirées. La tête d'une fourmi de la grande classe, ayant été séparée du tronc, mordit jusqu'au sang le doigt d'un domestique. On la laissa dix-huit heures dans un verre d'eau, et elle sut encore après cette épreuve infliger une nouvelle blessure. Une autre fourmi décapitée depuis vingt-six heures et demie mordit à plusieurs reprises le doigt qu'on lui présentait et chaque fois le sang coula. Pendant plus de trente-six heures la tête donna des signes de vie ; cette vitalité surprenante persiste douze heures de plus dans le corps.

On connaît trois espèces de fourmis chasseuses : Deux d'entre elles ont le corps d'un noir luisant et se ressemblent beaucoup ; la dernière se reconnaît à sa taille moindre et à sa couleur d'un rouge brun. La tête chez la fourmi chasseuse forme le tiers de tout le corps ; elle est large et longue en même temps, ainsi que l'exige l'attache des muscles qui font mouvoir les énormes mandibules. Celles-ci sont fortement courbées et se croisent au repos ; on ne peut donc, par conséquent, faire lâcher prise à l'insecte sans lui ouvrir les mâchoires.

Outre ces armes formidables, la fourmi porte encore des dents très acérées. A l'extérieur, il n'y a pas trace d'yeux, même sous le microscope ; mais comme l'enveloppe cornée de la tête est suffisamment translucide pour laisser voir l'articulation des mandibules, on peut supposer que l'insecte n'est pas absolument privé du sens de la vue et qu'il distingue au moins la lumière des ténèbres.

Les entomologistes savent depuis longtemps que deux espèces de fourmis habitent en paix le même nid, quoique cette association ne soit pas volontaire. La fourmi qui force les autres à travailler pour elle se nomme, la fourmi amazone. Elle ne possède pas les mandibules nécessaires au travail qui incombe ordinairement aux autres. Mais si la forme de ces organes l'oblige à l'oisiveté, elle la rend très propre à faire la guerre. Donc, quand des fourmis amazones veulent fonder une colonie, elles se forment en corps d'armée et partent pour faire la chasse aux esclaves. Deux espèces au moins subissent le joug des amazones, *formica fusca* et *formica cunicularia*; c'est contre un nid de l'une ou de l'autre que se dirige l'expédition.

Dès qu'elles l'ont atteint, les amazones le fouillent en tous sens, malgré l'opposition des occupants et cherchent partout leur proie. Cette proie se compose uniquement de nymphes qui se développent plus tard en neutres. Les vainqueurs en emportent d'immenses quantités dans leur mâchoire sans se soucier des parents légitimes dont les mandibules plus courtes, et partant propres au travail, restent sans effet en présence d'armes plus puissantes.

Au retour des maraudeurs, on dépose avec soin dans le nid les prisonniers qui ne tardent pas à se métamorphoser en insectes parfaits de la classe ouvrière et s'appliquent incontinent au travail. La fourmi amazone paraît incapable du moindre effort : un certain nombre ayant été enfermées avec des nymphes dans une caisse garnie d'un verre elles ne purent non-seulement élever les petits, mais encore elles moururent en partie faute de nourriture. L'introduction d'une seule fourmi esclave, de l'espèce *formica fusca*, produisit un changement complet. Le petit insecte se chargea des soins à donner à toute la famille ; elle nourrit les quelques survivants et surveilla le développement des nymphes en insectes parfaits.

C'est à tort que plusieurs auteurs se sont apitoyés sur le sort des fourmis esclaves. Leur travail ne leur est pas imposé par la crainte d'un châtiment ; elles s'y soumettent, poussées par leur instinct, comme si on ne les avait pas enlevées de leur nid. En fait, elles sont maîtresses, car les amazones dépendent d'elles depuis le premier jour de leur existence et sans elles la communauté entière périrait. Les esclaves étant toujours neutres, il est nécessaire de renouveler souvent les razzias. Fait digne de remarque, les amazones savent toujours choisir les nymphes qui se transformeront en neutres, en laissant celles d'où sortiront des mâles et des femelles. On a observé les mêmes mœurs chez une espèce brésilienne.

L'histoire des insectes sociables serait incomplète si nous passions sous silence les abeilles cardeuses, insectes très abondants dans notre pays, mais qu'on ne connaît pas suffisamment. On les appelle cardeuses parce qu'elles cardent les matériaux employés à la construction de leur nid. Il en existe plusieurs espèces se rattachant toutes au groupe des abeilles-bourdons et difficiles à distinguer à cause de la diversité de couleurs qu'on remarque chez les individus de la même espèce. Ces insectes emploient de préférence la mousse, mais selon les observations de M. F. Smith, elles savent mettre à profit les substances les plus hétérogènes. On les a vues pénétrer par une ouverture treillisée dans une écurie, ramasser les crins tombés et les emporter roulés en paquets. Non loin de là, elles descendirent dans l'herbe, et on trouva peu de temps après un nid entièrement fait de crins ; malheureusement il fut détruit par accident, avant son entier achèvement. Le docteur William Bell a également observé des abeilles cardeuses s'écartant de leurs habitudes. Un rouge-gorge ayant bâti son nid sous le porche d'un *cottage*, des cardeuses en prirent possession et s'y installèrent. Cependant la mousse est toujours préférée, et quand elles peuvent s'en procurer, les cardeuses n'emploient pas d'autres substances. Quelle que soit la matière, elles ont toujours soin d'en dégager les fibres, afin d'en faire un tissu d'après un plan systématique. L'abeille, saisissant la mousse avec ses jambes de devant, en éclaircit ou carde pour ainsi dire les brins, puis la poussant sous son corps, elle la façonne, au moyen de ses jambes de derrière, en paquet facile à transporter. Elle bâtit son nid sur le sol dans une légère dépression d'un pouce ou deux de profondeur. Avec la mousse elle couvre les cellules, dont le nombre varie, d'un dôme s'élevant de quinze à vingt centimètres au dessus du sol, et pour empêcher la pluie d'y pénétrer, le garnit à l'intérieur d'une cire grossière et de couleur foncée. L'entrée du nid est toujours dans le bas, car l'ouverture qui se trouve quelquefois au sommet ne sert qu'à laisser pénétrer l'air et la chaleur ; les cardeuses la bouchent le soir en cas de puie. L'entrée se compose ordinairement d'une galerie voûtée, semblable au passage conduisant dans une hutte de neige chez les Esquimaux, genre de construction auquel le dôme en mousse des cardeuses ressemble beaucoup.

XXV

NIDS PARASITES.

Oiseaux parasites. — Le coucou. — Le melliphage à face bleue —
Singulier choix d'un nid. — L'épervier. — Le merle choncas. —
Alliance avec l'orfraie. — Description de Wilson. — Insectes
parasites. — Les ichneumons. — Le parasite de la chenille
du chou. — Leur nombre. — Les cynips. — Les galles du
chêne.

Nous arrivons maintenant aux animaux qui sont
redevables à d'autres de leur demeure. Les uns
s'emparent d'une habitation en en chassant les propriétaires légitimes ; d'autres s'installent dans une
retraite abandonnée à laquelle ils font parfois subir de légères modifications. Souvent le parasite
habite dans un autre animal dont il occupe, dans
quelques cas, le corps tout entier.

Le lecteur connaît déjà des parasites de la première espèce, comme les macareux attaquant les
lapins et les chassant de leur terrier, ou le hibou
coquimbo et le serpent à sonnettes envahissant la
demeure du chien des prairies. Le martin-pêcheur,

l'abeille-bourdon et la guêpe appartiennent à la seconde ; il a aussi été question de certaines perruches nichant dans le grand nid des républicains, et dans le chapitre précédent nous avons parlé d'abeilles-cardeuses prenant possession d'un nid de rouge-gorge.

Batikin installé dans un nid d'emprunt.

Différentes espèces d'oiseaux sont des parasites notoires ; parmi elles les coucous occupent une place éminente, car ils ne font pas de nids du tout, et pondent simplement leurs œufs dans des nids d'autres oiseaux. L'Australie possède sous son climat brûlant, un groupe nombreux d'oiseaux, appelés communément melliphages parce qu'ils recherchent le suc des fleurs, bien que les insectes forment leur principale nourriture. Ils semblent occuper en Australie la place que prennent les oiseaux-mouches en Amérique. Le melliphage à face bleue de la Nouvelle-Galles du Sud, appelé batikin par les indigènes, appartient à la catégorie des parasites. C'est un joli oiseau, au plumage noir et blanc, dont les yeux sont entourés d'une peau unie de couleur bleue. Comme tous les melliphages, il est toujours en mouvement, sautant avec rapidité d'une branche à l'autre, sondant les crevasses de sa langue en forme d'atguille et suspendu la tête en bas, souvent même par une seule patte, quand il s'agit d'atteindre un insecte appétissant. On le trouve ordinairement sur les eucalyptus; c'est un oiseau stationnaire qui, toute l'année, hante la même localité.

Le batikin ne semble pas partager le talent de constructeur, commun aux melliphages ; au moins ne l'exerce-t-il pas. Il appartient aux parasites et s'établit dans un nid qu'il n'a point bâti. Le batikin usurpe les nids abandonnés ; mais au lieu de s'établir à l'intérieur, comme on pourrait le supposer, il se fixe au sommet même. Il y fait une légère dépression dans laquelle pond la femelle et où elle couve ses œufs.

L'épervier de notre pays a aussi l'habitude de s'emparer d'un nid de corbeau ou de pie. Il est probable, qu'à défaut d'un nid vacant, il chasse de leur habitation les possessseurs légitimes. Le combat, dans ce cas, doit être acharné ; car ni le corbeau, ni

la pie ne le cèdent à l'épervier en courage et en
volonté : ils possèdent en outre un bec plus long et
tout aussi formidable que celui de l'assaillant.

L'étourneau commun aime également à s'emparer
du nid du choncas, du pigeon et d'autres oiseaux.
Tout propriétaire d'un colombier sait que l'étourneau s'y établit souvent sans être molesté par les
pigeons, ce qui ne serait pas le cas, si, à ce que l'on
prétend à tort, il tuait les petits et suçait les œufs.
Il parait, au contraire, faire avec ces jolis animaux
un excellent ménage.

Los oiseaux de proie sont généralement évités par
les autres oiseaux qui s'enfuient ou se cachent à leur
vue. Le merle choncas ne partage pas cette crainte,
au moins à l'égard de l'orfraie auprès de laquelle
il s'établit. Celle-ci construit un nid très grand
dont les fondations consistent en branches grosses comme un manche à balai et mesurant de
soixante-quinze centimètres à un mètre. D'autres
branches de dimensions moindres s'empilent alors
au dessus des premières, à une hauteur de un mètre
ou un mètre cinquante centimètres ; il s'y mêle des
algues, des feuilles et de l'herbe de façon à former
une masse suffisante pour remplir une charrette de
grandeur ordinaire. L'oiseau occupe le même nid
pendant des années. On a remarqué que tout arbre
occupé par une orfraie meurt sans qu'on en puisse
bien pénétrer la cause. Selon les uns, l'huile de
poisson répandue par ces oiseaux exercerait une
influence fatale ; pourtant on sait que le poisson
constitue un excellent engrais ; d'autres personnes

attribuent la mort de l'arbre à l'énorme quantité de substances animales et végétales en décomposition qui s'y trouve accumulée. Telle est la solidité des matériaux, qu'à la chute de l'arbre et en dépit du choc, d'énormes fragments du nid tiennent ensemble. Il a fallu parler en détail du nid de l'orfraie pour faire comprendre comment le merle choncas le partage. Voici ce que dit Wilson à propos de l'orfraie.

— « Chose remarquable, cet oiseau permet aux merles choncas de bâtir leur nid dans les interstices des branches qui composent le sien. Plusieurs couples s'y établissent comme d'humbles vassaux autour du château de leur seigneur. Dans un seul nid d'orfraie, j'ai compté quatre nids parasites. Ces singuliers alliés vivent ensemble dans une entente parfaite et semblent se prêter un mutuel appui contre les tentatives des maraudeurs. Ces merles existent en quantités innombrables; le 20 janvier, à quèlques milles des bords du Roanoke, j'ai rencontré une de leurs prodigieuses armées. Ils s'élevèrent des champs voisins avec un bruit de tonnerre et s'abattirent, après quelques évolutions, sur des arbres qui formaient la lisière d'une forêt. Ils étaient complétement noirs, ce qui leur donnait un aspect très bizarre.

Évidemment tant d'oiseaux n'ont pas pu être couvés dans des nids d'orfraie. En effet, ces merles font généralement leur nid dans de grands arbres où ils se réunissent au nombre de vingt à trente. Comme matériaux ils emploient de la boue, des racines et de l'herbe ; l'intérieur est garni de crins et d'une herbe menue. Néanmoins, lorsqu'ils trouvent un nid d'orfraie, ils réclament toujours le privilège de s'y établir. Ces oiseaux noirs, vus à quelque distance, ont le plumage d'un pourpre très foncé et à reflets métalliques verts ou violets, selon le jeu de la lumière.

Passons aux insectes parasites. Cet ouvrage étant destiné à la description des habitations proprement dites des animaux, nous négligerons ceux des insectes qui vivent simplement sur un autre animal comme les tiques, aussi bien que ceux qui vivent en parasites à l'intérieur, tels que les divers entozoaires.

Le plus grand nombre de ces insectes appartiennent à la famille des ichneumons, dont le mieux connu est le *microgaster glomeratus*. Cet insecte nous rend malgré son mince volume de grands services. Sans lui il n'y aurait dans nos jardins ni choux communs ni choux fleurs ; ils périraient dévorés par les chenilles. On voit dans l'été de grands papillons blancs, voltiger dans les jardins et se poser par moments sur les choux. Ils paraissent très inoffensifs, tandis qu'en réalité ils font tout le mal en leur pouvoir. Ils pondent sur chaque plante quarante à cinquante œufs dont les larves mangent les feuilles pendant toute leur existence, à l'exception des intervalles durant lesquels elles changent de peau.

Après avoir atteint tout leur développement, elles se suspendent dans quelque endroit écarté et se préparent à leur transformation de nymphe. Bien peu y réussissent et la plupart ont servi de nourrices aux ichneumons. Au moment où la larve est prête à se changer en nymphe, il en sort de nombreuses larves blanchâtres, qui filent de suite une petite coque ovale dont les parois sont dures et unies surtout à l'intérieur ; elles sont couvertes au dehors de bourres de soie qui sert à relier ensemble toutes les coques. Chaque cellule est pourvue d'une petite ouverture ronde. Ces groupes de cocons abondent vers le milieu de l'été et au commencement de l'automne ; on les trouve sur les murs, sur les troncs d'arbre et dans tout endroit offrant un abri à la chenille. D'une seule de ces dernières il sort en, moyenne de soixante à soixante-dix mouches ichneumons.

Les jolis insectes appelés chrysides doivent également être rangés parmi les parasites. Ne se construisant pas de nid, ils pénètrent dans ceux des andrènes maçonnes et mineuses. La chrysis ne pond pas ses œufs sur le corps de la larve ; elle entre, pendant l'absence du vrai propriétaire, dans le nid et dépose un œuf à côté de celui de l'andrène. L'œuf éclot ordinairement plus tard que l'andrène ce qui donne à cette dernière le temps d'engraisser jusqu'au moment où elle servira de pâture à la larve.

D'autres insectes, appartenant aussi à la famille des ichneumons, vivent en parasites sur des plantes. Ce sont les cynips ; il en existe beaucoup d'espèces qui, malgré un air de famille, diffèrent entre elles de volume, de forme et de couleur.

Le cynips des feuilles de chêne produit les
galles qu'on trouve en abondance sur les feuilles
du chène, surtout après les rejetons, car leurs
feuilles étant plus grandes et contenant plus
de sucs, la galle s'y développe davantage. En
coupant une de ces excroissances avec un couteau,
on la voit composée d'une substance molle, remplie de jus ; mais au centre même, la lame ren-
contrera de la résistance ; c'est une cellule à ten-
ture ligneuse : là se tient, courbée en rond pour

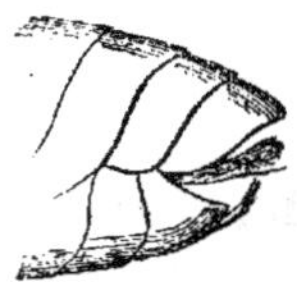

Partie de l'abdomen
renfermant la ta-
rière.

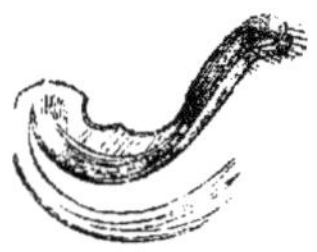

Détails de la tarière
du cinyps.

s'adapter à la forme de sa demeure, une petite
larve parfaitement blanche et très grasse semblable
à celle de l'abeille-bourdon. C'est pour cette miniature d'être que la galle a été formée; elle lui sert de
nourriture et voici comment :

Quand les sucs s'épanchent en abondance par les
vaisseaux, un petit insecte noir vient s'abattre sur
la feuille. Il est à peine de la grosseur d'une fourmi
de jardin, mais il est pourvu de quatre ailes puis-
antes. Parcourant la feuille en tous sens, il se fixe

sur une des nervures et y reste quelque temps. Sans doute il accomplit une œuvre importante, mais qui échappe à l'œil nu. Le microscope éclaircit ce mystère et nous montre l'abdomen du cynips d'où se projette un long appendice au moyen duquel l'insecte perce un trou dans la feuille ; celui-ci étant suffisamment élargi, les deux lames de l'appendice s'ouvrent pour laisser glisser au fond un œuf ainsi qu'un fluide de nature âcre. Cela fait, l'insecte s'envole. L'effet de la lésion est très-remarquable ; le tissu de la feuille se modifie et se change en cellule remplie de suc. La galle se développe tant que croît la feuille et atteint par conséquent, des grosseurs très variables. L'insecte vit du suc qu'elle contient, et dans certains cas subit toutes ses métamorphoses dans la galle ; mais il en existe qui la quittent à l'état de larve et se transforment sous terre en nymphes et en insectes parfaits.

Les cynips recherchent surtout le chêne et déposent leurs œufs sur les feuilles, les branches, les bourgeons et même sur les racines de cet arbre. Une espèce, le cynips *kollari* produit des galles parfaitement sphériques, brunes de couleur, unies à l'intérieur et grosses comme une cerise. Au cœur de chacune d'elles se trouve un seul insecte qui subit dans cet étrange logis toutes ses métamorphoses. Quelquefois, ces galles s'attachent l'une à l'autre ; j'en possède deux dont la réunion offre la forme d'un sablier. Des deux insectes qui l'habitaient un seul s'était frayé un chemin à l'air libre ; l'autre avait péri d'une singulière façon. Une erreur fatale lui avait fait prendre une mauvaise direction ; au lieu de sortir de sa prison en la rongeant du centre à la circonférence, il s'était avancé vers la partie qui réunissait les deux galles ; il réussit à la traverser et parvint jusqu'au milieu de la seconde ; là, il mourut épuisé par un travail triple de celui auquel la nature l'avait approprié.

Le cynips kollari est un des plus grands du groupe ; il est d'un brun pâle.

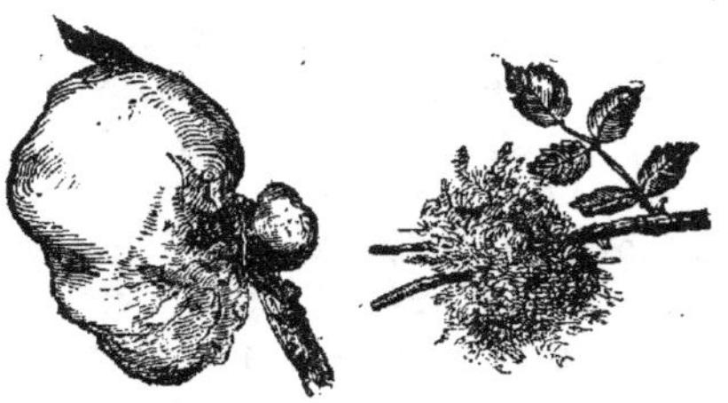

Galles du chêne et du rosier.

Une espèce différente cause les galles du rosier : on l'appelle le cynips du rosier ; chaque œuf a sa cellule ou galle dont la réunion forme une seule masse nommée bédégar ; mais au lieu d'un extérieur uni, on les voit couvertes de longs cheveux ramifiés, sous lesquels leur forme disparaît entièrement. Réaumur considérait ces cheveux comme une exsudation de la sève à travers les orifices de la galle ; théorie erronée, car la sève ne peut pas, par suite de son exposition à l'air, durcir et se trans-former en filaments. En outre, les cheveux laissent voir une structure végétale très prononcée et se ramifient comme les branches d'un arbre, chose impossible s'ils se composaient de sève.

Le nombre des bédégars sur un seul rosier est souvent très considérable. Un spécimen de moyenne grosseur, pris au hasard dans ma collection, présentait le volume d'une reinette ; dépouillé de son enveloppe chevelue, il perdait considérablement en dimension et se montrait alors composé de tubercules ligneux très variables qui, en moyenne, sont grands comme un pois. Sur quelques-uns on remarque des petits trous circulaires, preuve que les insectes en sont sortis ; on en a trouvé, en effet, deux ou trois embarrassés dans les cheveux qui entouraient la galle et formaient dans ce cas une barrière insurmontable. Chaque tubercule est une réunion de cellules dont le nombre varie de quatre à vingt, suivant le volume de l'insecte ; la moyenne est peut-être de dix.

On trouve dans beaucoup de cellules l'insecte parfait : la branche étant morte et la sève ne circulant plus, les parois se sont durcies au point de ne pouvoir être percées par les insectes. Dans d'autres cellules se voient d'étranges petits objets durs, luisants et de couleur d'ambre ; je ne pouvais m'expliquer ce que ce pouvait être avant de les avoir examinés au microscope, alors ils se sont transformés en nymphes mortes, et désséchées dans leur prison.

Un autre cynips, très commun dans nos pays,

produit une galle que les personnes non initiées à la
science de l'histoire naturelle prennent souvent pour
un bourgeon de chêne. L'excroissance qui la couvre
prend la forme d'une feuille au lieu de ressembler
à des cheveux, comme dans les bédégars du rosier
et chez d'autres espèces. Ces objets, pareils à des
bourgeons, se trouvent sur les jeunes branches,
on les reconnaît aisément à leur forme en pomme
de pin et à leur enveloppe foliacée, disposée comme

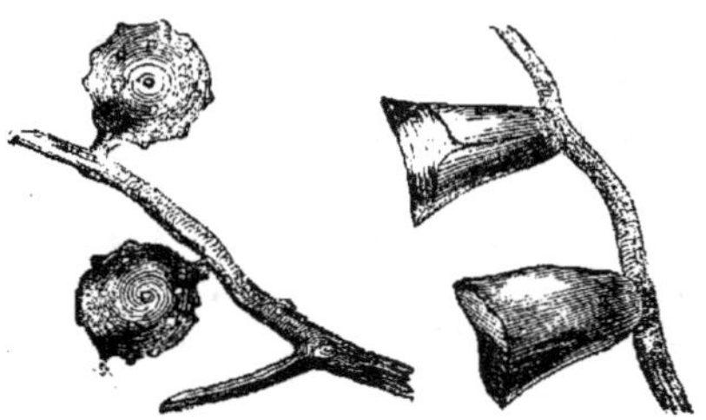

Variétés de galles de cynips du chêne.

les tuiles d'un toit. Elle atteint ordinairement la
grosseur d'une noisette. L'insecte qui le produit
est plus grand que le cynips des feuilles du chêne
et de proportions plus minces. On suppose que
l'enveloppe de cheveux ou de feuilles a pour
but de fournir à l'insecte, durant l'hiver, un abri
contre les intempéries de l'air.

Deux espèces distinctes percent les racines du
chêne. L'une d'elles, appelée *aptera*, produit
une galle en forme de poire, ayant un diamètre

de huit millimètres et qui contient un seul insecte. L'autre espèce donne naissance à une galle énorme, à nombreuses cellules, où se trouve une armée d'insectes. M. Westwood cite une de ces galles, longue de douze centimètres cinq millimètres sur deux centimètres six millimètres de largeur, qui produisit onze cents insectes.

Nous n'avons jusqu'ici parlé que des galles de notre pays ; nous allons maintenant dire un mot de celles des autres contrées. Si le lecteur veut couper en deux un spécimen bien rempli de suc, tel que la galle des feuilles, il verra ses doigts teints d'un pourpre très foncé, qui résistera au lavage et ressemble à de l'encre ; c'en est effectivement, mais de plus pâle que celle dont on fait usage. Un peu de jus de citron fera disparaître la tache.

L'encre se fabrique en mêlant une solution de sulfate de fer à une décoction de certaines noix de galle d'un vieux chêne, très abondant en Orient. On les appelle galles d'Alep et on les divise en noires, bleues, vertes et blanches. Ces dernières, d'où l'insecte est sorti, sont moins astringentes. A ce mélange on ajoute un peu de gomme pour donner de la consistance, ainsi qu'un peu de sublimé corrosif afin d'empêcher la moisissure. Ces galles sont presque sphériques avec une tendance à se rapprocher de la forme de la poire ; elles portent à l'extérieur plusieurs piquants assez forts. Je trouve dans le cynips des noix de galle une preuve évidente de l'utilité des êtres les plus insignifiants de la Création. La nature nous offre d'immenses trésors dont la plupart restent scellés faute d'une clef qui les ouvre ; ne méprisons donc pas des objets sans valeur apparente et dont le but nous échappe. Le bienfait conféré par les noix de galle d'Alep est tellement grand qu'il doit suffire pour nous faire respecter tous les insectes comme la source possible où le progrès et la civilisation puiseront un jour des secours non moins importants.

En Allemagne, on trouve sur le chêne des galles d'une forme très remarquable et produites par le cynips *polycera*. Elles ressemblent à un pain de sucre en miniature et sont implantées à la branche par le petit bout. L'extrémité la plus large est brusquement tronquée ; il en sort des piquants ou des cornes dont le nombre varie, de là le nom *cynips polycera* qui veut dire : aux nombreuses cornes. L'insecte qui produit cette galle n'a que la moitié du volume du cynips kollari.

Notre dernier exemple nous est également fourni par l'Allemagne. Cette galle, faite par le cynips *hungarica*, a toute la surface traversée par des côtes irrégulières qui partant de la tige la sillonnent dans sa longueur. Elles sont à vive arête et portent ici et là des cornes à pointe. Toute la substance de cette galle présente une texture très dure et offre au couteau autant de résistance que du bois d'orme ou de chêne bien sec. On s'étonne avec raison qu'un insecte puisse s'y frayer un passage long de deux centimètres à peu près

Ce cynips ressemble tellement au cynips kollari qu'il est besoin de faire usage de la loupe pour s'apercevoir de la différence.

XXVI

LES NIDS PARASITES

(SUITE ET FIN).

Aptitude du chêne à nourrir les galles. — Galles complètes. — La galle sensitive de la Caroline. — Origine de la couleur des galles. — Le coléoptère du chardon. — Les larves mineuses des microlépidoptères. — La chique. Difficulté d'extraire les œufs. Les enfants nègres. — L'œstre et sa demeure. — Le clerus et ses ravages dans la ruche. — Le drilus.

Le lecteur a dû remarquer la singulière aptitude du chêne à nourrir des galles. Aucune partie de l'arbre n'échappe à ces excroissances ; on les trouve aux branches, aux feuilles, aux fleurs, au tronc et même aux racines ; cependant l'arbre n'en souffre nullement.

Plusieurs galles sont pour ainsi dire complexes. M. Bosc en a trouvé une sur le chêne d'Amérique, de la grosseur d'un pois. Les parois en sont très minces, et au lieu de la larve on trouve à l'intérieur un petit objet sphérique très dur et qui roule librement dans la cavité. C'est là qu'habite l'insecte. M. Bosc n'a pu, malgré de grands efforts, découvrir le mode de construction de ces singulières cellules. Le même naturaliste décrit une autre galle du chêne de la Caroline ; elle est sphérique, garnie de piquants et porte une épaisse enveloppe de longs cheveux. Beaucoup de galles partagent ces traits caractéristiques, mais le cas présent offre cette singularité que les cheveux sont mobiles comme ceux de la sensitive ; ils s'abaissent au contact et ne reprennent plus leur position première.

D'où viennent les belles couleurs qu'on observe sur beaucoup de galles ? On dira peut-être que dans le bédégar, elles ont été détournées de leur direction de façon à se montrer sur la galle au lieu de se développer sur les pétales et les feuilles. Cette explication, malgré son apparence de plausibilité, ne satisfera ni les botanistes ni les physiologistes. Le chêne, par exemple, ne fournit pas la belle couleur de la rose ; ses feuilles sont vertes et ses fleurs échappent presque à la vue ; cependant les galles des feuilles montrent des teintes aussi brillantes que celles des plus belles pommes. Plusieurs personnes attribuent les couleurs à l'insecte, s'appuyant sur ce fait que la galle du rosier et le cynips rose qui la produit, sont colorés de même. Elles oublient que l'insecte de la galle des feuilles de chêne est tout noir, tandis que la galle offre des couleurs non moins éclatantes que le bédégar. Le problème attend encore une solution.

Différentes espèces de cynips ont aussi choisi d'autres arbres que le chêne ; les herbes et les fleurs n'échappent pas non plus à leurs ravages. L'une de ces espèces s'attaque au pavot blanc dont on tire l'opium du commerce ; elle dépose ses œufs dans la tête et cause souvent de grands dommages en durcissant les enveloppes des graines. D'autres cynips infestent soit les navets, soit le froment.

Les cynips ne sont pas les seuls insectes qui produisent des galles, plusieurs espèces de coléoptères passent leurs premières phases dans des grosseurs causées par une piqûre de la mère. M. Rennie cite un petit charançon d'un brun grisâtre comme faisant une galle sur l'aubépine.

« En mai 1829, dit-il, nous trouvâmes à Lee dans le comté de Kent un buisson d'aubépine, dont une branche avait les feuilles à son extrémité roulées en paquet. Au lieu d'y rencontrer une chenille, nous vîmes le milieu occupé par une substance brune, ligneuse et pareille aux excroissances des cynips. Sa forme était ronde. L'ayant ouverte, nous y découvrîmes une petite larve jaune qui se nourrissait des sucs de l'aubépine. Ne pouvant pas la replacer dans sa cellule dont une des parois était détruite, nous la mîmes avec une branche d'aubépine dans une petite boite de carton, espérant qu'elle se construirait une nouvelle demeure. Cet espoir ne se réalisa pas ; mais à notre grande surprise, quoique privée d'air et d'une partie de sa nourriture, car elle ne toucha pas à la branche d'aubépine, la larve subit ses phases et se transforma en coléoptère de la famille des charançons. Son impuissance à se faire une nouvelle cellule prouve, selon moi, que la première était dûe à une piqûre faite par la mère en déposant l'œuf.

Un autre charançon fait des galles sur la tige et les racines du chardon, et comme la larve se nourrit des sucs de la plante, elle la fait mourir avant que ses graines ne soient développées. On peut donc dire que ce charançon met obstacle à l'accroissement des chardons. Un insecte de l'ordre des diptères produit sur la même plante de grandes galles de nature ligneuse.

Nous allons maintenant décrire un autre groupe d'insectes vivant entre les membranes des feuilles et appartenant à différents ordres.

Si le lecteur veut examiner avec soin les feuilles d'un rosier cultivé en pleine terre il y verra certainement des dessins semblables à ceux qui représentent les rivières sur les cartes géographiques, et traversant la feuille en différentes directions. Ce sont les routes creusées par de très petites larves vivant entre les membranes et se nourrissant de parenchyme. A l'origine, ils sont tellement ténus que le fil le plus fin y passerait à peine ; ils deviennent larges à mesure qu'ils s'allongent et mesurent quelquefois, arrivés à leur terme, deux millimètres de largeur. Quelquefois ils ne s'éloignent pas du bord et en suivent exactement les dentelures ; d'autres fois, ils tournent en spirale ou parcourent la feuille sans ordre. Il est rare que l'insecte traverse un chemin qu'il a déjà parcouru.

En ouvrant la galerie à son extrémité la plus

large, on y trouve soit une larve soit une nymphe.
Dans le premier cas, c'est une larve excessivement
petite, semblable à celle de certains coléoptères ;
elle a les anneaux qui représentent le thorax plus
larges que ceux qui sont destinés à former l'abdomen. Comme elle peut exister entre les membranes
d'une feuille aussi mince que celle du rosier ou du
chêne, il est évident que le futur insecte sera de
dimensions fort petites. On peut juger du volu-

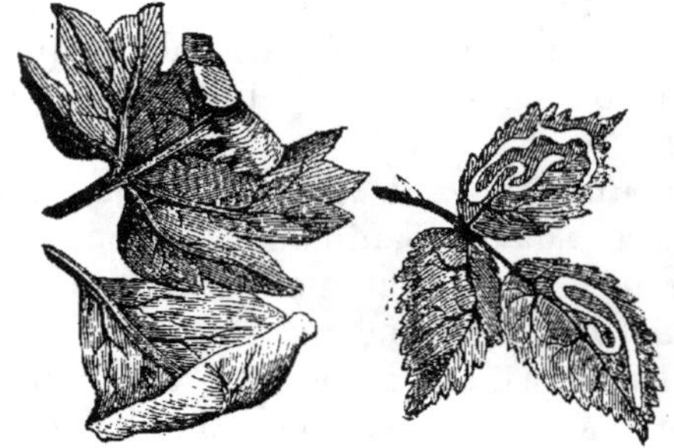

Travail des microlépidoptères.

me de beaucoup d'espèces de microlépidoptères,
comme on les appelle avec raison, par ce fait qu'elles
n'occupent pas, les ailes étendues, un espace plus
grand que la majuscule qui commence cette phrase.

On trouve parfois, à l'extrémité du chemin couvert, une nymphe attendant sa transformation en
insecte parfait. A une époque plus avancée de
l'année on ne voit plus rien ; un petit trou, où l'on
remarque le bout brisé d'une coque de nymphe,
montre que l'insecte a pris son vol. En général les

chenilles mineuses, vivent solitaires et même quand on en trouve deux ou trois sur une feuille, elles restent isolées et chacune occupe une galerie particulière. Toutefois il y a des exceptions ; certaines mineuses vivant sur la jusquiame habitent en parfaite harmonie entre les membranes de la même feuille. Celles-ci sont plus grandes que l'espèce ordinaire et possèdent la faculté remarquable, étant expulsées de leur domicile, de s'en creuser un autre dans une nouvelle feuille, faculté qui ne paraît pas commune aux chenilles des microlépidoptères.

Jetons un regard sur les insectes qui vivent en parasites sur d'autres animaux. Le nombre en est très grand, mais nous nous bornerons à ceux qui construisent en quelque sorte une demeure. Parmi les parasites de l'homme, la chique satisfait seule à cette condition. Elle habite l'Amérique du Sud et les îles des Indes occidentales. Ce terrible insecte qui se rapproche beaucoup de la puce à qui il ressemble en général, réussit à se cacher sous les ongles des doigts de pied surtout. Arrivé là, il se fraie petit à petit un chemin sous la peau, sans causer aucune douleur ; tout au plus éprouve-t-on une petite irritation qui ne déplaît pas aux novices, mais qui suffit pour mettre sur leur garde les gens d'expérience. La chique mâle est complétement innocente ; la femelle seule cause tout le mal. Dès qu'elle s'est établie, son abdomen commence à s'enfler et à prendre une forme globulaire, car il contient un grand nombre d'œufs microscopiques. La victime ressent une douleur, et s'adresse ordinairement à une de ces habiles vieilles qui semblent avoir le monopole de l'extraction des nids de chique. S'armant d'une aiguille, elle travaille avec précaution à l'entour du corps globulaire, en ayant soin de ne pas le percer, car toute la peine serait perdue si un seul œuf restait dans la plaie. Peu à peu, elle expulse doucemen l'intrus et montre avec une joie extrême le sac d'œufs parfaitement intact. Afin de prévenir tout accident, on saupoudre la plaie de tabac à priser ; il en résulte une douleur cuisante, mais s'il est resté par hasard un œuf ou un petit il périt inévitablement.

Les blancs et les indigènes des classes un peu élevées se débarrassent facilement de la chique, parcequ'ils se soignent immédiatement ; en outre l'usage de la chaussure et des gants les rend moins sujets aux attaques de l'insecte. Mais les nègres, et surtout les enfants, en souffrent cruellement. Ces derniers, avec l'insouciance de leur âge, laissent la chique s'établir et même alors ne se plaignent pas, sachant la douleur qui les attend. Cependant les matrones veillent, et dès qu'elles voient un de leurs enfants ne pouvoir en marchant poser à terre les doigts de pied, elles le saisissent et le portent malgré ses cris, chez l'opérateur.

Les terreurs de l'enfant ne sont pas sans cause ; le nid ayant été enlevé, on remplit le trou de piment pilé, d'abord pour tuer tous les œufs qu'on aurait oubliés, puis pour faire sur l'enfant une impression durable ; le tabac à priser est, dans ce cas, considéré comme une chose trop précieuse pour être employé de la sorte. Ce traitement a pour résultat qu'au lieu de laisser la chique s'enfouir sous l'ongle, l'enfant se la fait extraire au premier mouvement qu'il ressent. Si on néglige d'extirper l'insecte, les membres se gonflent, les glandes sont affectées, et la gangrène vient mettre fin aux souffrances de la victime.

Plusieurs insectes causent aux animaux des tumeurs semblables aux galles des arbres. Tel est l'œstre, dont la larve vivant sous la peau de l'animal fait naître une grosseur remplie d'une sécrétion qui la nourrit. Ces larves sont charnues et ovales ; elles se distinguent par une queue, sur le bout aplati de laquelle se trouvent deux spirales servant à la respiration Les larves des galles semblent pouvoir vivre sans communication apparente avec l'air extérieur ; il n'en est pas de même des larves de l'œstre ; afin de ne pas manquer d'air, elles tiennent toujours la queue pressée contre l'ouverture qui se trouve à la partie supérieure de la tumeur.

C'est surtout en mai et en juin que les tumeurs apparaissent sur l'épine dorsale du jeune bétail. Dans une seule ferme j'en ai trouvé sur presque toutes les vaches au dessous de quatre ans ; chaque bête en avait depuis deux jusqu'à quatorze et ne ne semblait nullement souffrir de la présence des parasites. La larve, après avoir atteint tout son développement, sort à reculons de la galle et tombe à terre où elle s'enfouit. Puis la peau de la nymphe se séparant de la larve, cette dernière se dessèche et devient l'habitation de la nymphe. La partie qui couvre la bête s'enlève comme le couvercle d'une boîte et permet à l'insecte parfait de prendre son essor. On peut même l'ôter et observer la nymphe dans sa singulière demeure. J'ajouterai que lorsque des insectes sont ainsi couverts à l'état de nymphe, sans laisser voir aucune trace de celle-ci, on dit qu'ils subissent une métamorphose « coarctée » La plupart des diptères appartiennent aux insectes coarctés.

Avant de terminer le chapitre des parasites, il faut encore citer deux insectes de ce genre. Un coléoptère assez joli, bien qu'assez inoffensif à l'état parfait, exerce comme larve de terribles ravages dans les ruches. On le trouve ordinairement sur les fleurs, dont il pompe les sucs au moyen d'un appareil en forme de pinceau, attaché à la bouche. La plupart des espèces ont des élytres d'un rouge brillant, barrées ou mouchetées de pourpre. La larve, d'un beau rouge, éclot d'un œuf placé dans la cellule d'une larve d'abeille. Elle se nourrit de cette dernière, et après l'avoir dévorée, elle s'en va de cellule en cellule, dont elle mange les habitants. Son appétit satisfait, elle se cache dans une alvéole et y file un cocon de petite dimension par rapport à son volume. Elle en sort insecte parfait et quitte la ruche saine et sauve, car l'aiguillon des abeilles ne peut rien sur sa cuirasse **cornée.**

Un autre coléoptère vit en parasite comme larve et comme nymphe dans les limaçons, surtout dans le limaçon strié des jardins. Au moment de passer à l'état parfait, il se fait une coque singulière d'une matière fibreuse, qu'on a, pour la forme et l'odeur, justemen* assimilée à du tabac. La larve est fournie d'un certain nombre de fausses jambes ainsi que d'un appendice fourchu au moyen duquel elle se fraie un chemin dans le corps de ses victimes.

XXVII

MAMMIFÈRES CONSTRUISANT DES HABITATIONS SUR DES BRANCHES.

Le muscardin et son nid. Les provisions d'hiver. — Le loir et le lérot.

Nous voici arrivés à une autre division de notre sujet, savoir aux animaux construisant leurs nids dans les branches. Peu de mammifères en font partie, mais notre pays en produit deux, l'écureuil et le muscardin. Le premier a déjà été décrit.

Tous ceux qui aiment à consacrer quelques loisirs aux animaux connaissent le muscardin, jolie petite bête au dos brun, au ventre blanc, facile à tenir en cage, mais offrant peu d'intérêt, car il dort la plus grande partie du jour. En cage, le muscardin fait tant bien que mal un nid avec le foin et le coton qu'on lui donne ; mais à l'état de liberté, lorsqu'il a à sa disposition les matériaux nécessaires, il se montre autrement habile, car dormant presque toute la journée, il a besoin d'une retraite, où ses ennemis ne le puissent surprendre. J'ai en ma possession un nid trouvé à quatre pieds du sol sur une branche fourchue de coudrier. Il se compose de brins d'herbe et de feuilles ; il a seize centimètres de long sur neuf

Nid du muscardin.

de large. Le muscardin emploie deux ou trois espèces d'herbe, une surtout à tranchant aigu. Il tourne les brins autour des ramilles en les faisant passer par des interstices, de manière à former un nid un peu ovale. Les brins les plus minces servent pour le fond ainsi que les tiges très déliées des plantes grimpantes qui traversent les

matériaux et les lient ensemble. Quelques feuilles
de coudrier et d'érable sont entremêlées à la masse,
probablement pour les protéger contre le vent. Il
est difficile de trouver l'entrée du nid même pour
quelqu'un qui en connaît la position exacte. Le
muscardin la cache sous des brins d'herbe retom-
bant comme les branches d'un saule pleureur qui,
s'écartant pour donner passage à l'animal, reprennent ensuite leur position première.

Le muscardin, comme beaucoup d'hibernants,
met en réserve pour l'hiver, des provisions de
noisettes, de grains, etc. Il les cache près du
nid et y touche à peine pendant la saison dure, car
il est plongé dans un sommeil profond, dont il ne
sort qu'à l'approche du printemps. Alors la faim
se fait sentir et l'animal ne vivant que de fruits et
de grains mourrait s'il ne s'était amassé des provisions pendant l'automne.

Il existe plusieurs espèces de muscardins, dont
deux au moins se trouvent en Europe : ce sont le
loir et le lérot. Le premier s'appelle quelquefois le
muscardin gras, parce que dans les temps antiques on
le recherchait pour sa chair, après l'avoir engraissé
dans des endroits appelés *gliraria*. Le lérot, aimant les plus beaux fruits, fait souvent de grands
ravages dans les jardins. Les deux espèces se
trouvent en France.

D'autres mammifères se construisent des habitations dans les branches, mais seulement par exception. Le plus singulier exemple de dérogation à la
règle générale nous est fourni par M. Muffatt le

missionnaire, connu par ses fréquents voyages
en Afrique.

Deux trafiquants avaient visité le pays gouverné
parle chef Mosœlœkatzé, dont la réputation bien mé-
ritée d'homme d'un grand génie a été obscurcie
par une féroce cruauté. C'était en effet un Napoléon
sauvage, d'autant plus remarquable que n'ayant
pas la moindre éducation il s'était créé une puissance terrible. Roi des Caffres Zulu, il avait organisé un vaste établissement militaire : tous les
hommes valides devaient être soldats, et faisaient
partie de divers régiments, selon qu'ils se distin-
guaient par la force, l'agilité ou la ruse. Dans le
combat, ils n'avaient d'autre alternative que la victoire ou la mort, car les fuyards périssaient invariablement par la main du bourreau.

Au moment du départ de ses visiteurs blancs,
Mosœlœkatzé jugea bon d'étendre son savoir et par
conséquent son influence, en s'informant des
mœurs et des usages des blancs. Il donna ordre à
deux de ses conseillers d'accompagner les étrangers et de lui rendre compte de tout ce qu'ils auraient vu pendant leur voyage. Ceux-ci accompli-
rent leur mission ; après un certain temps, la
tête bourrée outre mesure de faits et d'idées, ils
songèrent au retour. Ici, une difficulté se présenta.
Pour gagner le pays Zulu, il fallait traverser des
régions ravagées depuis peu par Mosœlœkatzé et ses
hordes ; ce dont les malheureux habitants ne man-
queraient probablement pas de se venger sur les
envoyés. M. Muffatt offrit d'escorter ces derniers

jusqu'aux limites de leur pays, et, c'est dans ce
voyage qu'il vit un jour un arbre magnifique, à
l'ombre duquel se tenait un grand nombre d'hommes. En approchant plus près, il vit dans les branches dix-sept petites cabanes ; trois autres étaient
en construction. C'étaient les demeures des hommes
qu'il avait devant lui. Voici comment on les bâtis-
sait :

A l'endroit où deux ou trois rameaux fourchus
s'étendaient horizontalement, on plaçait une quantité de branches séches de façon à former une plate-forme d'un diamètre de deux à trois mètres et
sur laquelle on établissait une hutte nécessairement
petite. Celle-ci se composait aussi de branches liées
ensemble, elle mesurait à peine deux mètres de haut
et autant à sa base. Le toit de forme conique était
couvert d'herbe. Le seul moyen de monter à ces
bizarres demeures consistait en entailles faites au
tronc de l'arbre.

Le choix d'une pareille localité, lorsque le sol
offrait tout l'emplacement nécessaire à un village,
s'explique aisément : les bandes armées de Mosœlœkatzé avaient envahi le pays et enlevé tous les
bestiaux, seule richesse des habitants de l'Afrique
du Sud ; ils avaient aussi désarmé ceux qui ne pé-
rirent pas dans le combat. Les animaux féroces
commencèrent dès lors à se montrer plus nombreux et plus audacieux, au point que les membres
affaiblis de la tribu durent abandonner leurs habitations ordinaires et se retirer sur les arbres où les
lions ne pouvaient les atteindre. Muffatt passa la

nuit dans une de ces huttes aériennes , il avait tué un rhinocéros, dont il avait placé la bosse dans un nid de termites abandonné qui servait de four. Les lions vinrent dans la nuit pour enlever la chair dont l'odeur les attirait ; la chaleur du four se trouva heureusement trop forte. Les lions se bornèrent à exprimer leur désappointement par de furieux rugissements et se retirèrent quand vint le jour. Ces malheureux se nourrissaient de sauterelles et de racines; ils n'avaient plus de bétail, les lions dévoraient le petit gibier, et les quelques armes qui avaient échappé aux Caffres Zulu étaient insuffisantes contre les carnassiers.

XXVIII

Oiseaux construisant des habitations dans les branches.

Le freux et son nid. — Le corbeau. Différence des deux nids — Le héron. La héronnière de Walton Hall. — Le pinson. — Le chardonneret. — La sylvie jaune. Singuliers matériaux du nid. — L'aigle à tête blanche. Description de Wilson. — Le loriot d'Europe. — L'étourneau ailes rouges. — Le voleur de maïs. — Le motteux à poitrine jaune. Ses étranges manières. Son amour pour ses petits. — Le ramier et la tourterelle. — L'oiseau moqueur. — La poule d'eau.

Nous passons aux oiseaux qui font leur nid sur des branches d'arbre ou d'arbuste. Le nombre en est si considérable que nous citerons seulement les plus remarquables.

Tout le monde connaît les nids des freux et des corbeaux, petites masses sombres et apparentes, qu'on aperçoit même de loin sur les branches les plus élevées de l'arbre, position qui fait leur sécurité. Les branches supporteraient à peine le poids d'un chat ou d'un singe ; souvent même, elles sont si minces qu'on ne comprend pas qu'elles puissent porter le nid avec ses habitants. Celui-ci se compose à sa base de branches sèches que les freux ramassent à terre ; elles sont arrangées entre les rameaux de façon à former un panier grossier contenant les matériaux moins durs sur lesquels reposeront les œufs et les petits. De longs filaments de racines s'entremêlent et composent un second panier intérieur, qu'avec un peu de soins ou peut séparer du premier. Sur cette couche moëlleuse, l'oiseau pond quatre ou cinq œufs dont la couleur varie ; ils sont ordinairement d'un gris verdâtre, parsemés de taches brunes.

La construction du nid incombe aux jeunes oiseaux ; les vieux retournent généralement tous les ans au même domicile et ont rarement besoin de s'en construire un nouveau. Dès que les petits peuvent pourvoir à leur subsistance, vieux et jeunes abandonnent le nid selon une remarque de M. Waterton qui a beaucoup étudié les mœurs des freux ; ces oiseaux ne perchent par sur les arbres où se trouvent les nids qu'ils ont quittés.

La demeure du corbeau ressemble extérieurement à celle du freux, mais au lieu de filaments de racines, elle est garnie de poils et de laine. Vue du pied de l'arbre, elle semble une masse informe ; de près, en supposant que l'on parvienne à s'en approcher, elle surprend par le fini du travail intérieur ; des poils de lapin entremêlés

avec de la laine et du crin forment une couche
moëlleuse, déprimée au centre, où reposent les
œufs, qui ne diffèrent guère de ceux du freux.
Le corbeau possède le talent de choisir les arbres
dont l'accès est le plus difficile. Il y a des nids placés de façon à défier tous les efforts des collec-
tionneurs d'œufs ; d'autres se trouvent sur des
branches trop faibles pour porter même le poids
d'un gamin. Si haut placé que soit le nid du corbeau, il vaut toujours la peine d'une ascension,
alors même que le corbeau l'a abandonné ; il est
dans ce cas souvent usurpé par l'épervier, dont les
beaux œufs sont fort prisés.

Un magnifique oiseau, qui devient chaque
année plus rare chez nous, le héron, construit
un nid semblable à celui du freux et du corbeau,
mais de plus grandes dimensions, comme l'exige
son volume. Ainsi que le freux, il se montre très
sociable, et on voit rarement un nid solitaire. L'é-
tude des mœurs de cet oiseau offre beaucoup de
difficultés par suite de son naturel timide et du
petit nombre de héronnières que l'on connaît.
Une protection toute spéciale et qui s'est continuée
durant de longues années a rendu les hérons de
Walton Hall assez familiers pour se laisser observer,
pourvu que l'on s'abstienne de faire du bruit ou
des mouvements brusques.

C'est un spectacle plein d'intérêt de voir ces
grands oiseaux aller et venir du nid au lac, du lac
au nid, et rapporter des poissons à leurs petits ;
d'autres, en nombre considérable, se tiennent au

bord de l'eau sur une patte, leur long cou caché
sous les plumes, d'où sort un bec pointu comme
une baïonnette. Ils garderont des heures entières
cette position si fatigante en apparence. De temps
en temps un héron s'éveille, étire le cou, bat des
ailes et se rend dans l'eau d'un pas solennel. Il en
examine les bords, chaque paquet d'herbe qui flot-
te ; tout à coup il s'arrête, un moment après lance
en avant son cou, le bec plonge dans les roseaux et
reparaît tenant un poisson, une grenouille ou un
rat d'eau.

C'est ordinairement vers le soir que le héron cherche sa nourriture. S'il s'éloigne à une grande distance du nid, il s'élève assez haut dans l'air en
poussant un cri rauque qui lui est particulier. Au
moment de se percher soit sur une branche, soit
sur le nid, il descend, laisse pendre ses jambes et
une fois debout, bat de ses grandes ailes comme
pour assurer son équilibre. Ses œufs sont d'un vert
pâle.

Le pinson et le chardonneret construisent tous les
deux de très jolis nids. Le pinson cherche, soit sur
un arbre, soit sur un buisson, un endroit d'où partent plusieurs branches formant une fourche capable
de contenir le nid. Il emploie principalement de la
laine qu'il travaille jusqu'à ce qu'elle ressemble à une
espèce de feutre et qu'il entremêle alors de mousse.
Cette dernière substance est fixée à l'extérieur du
nid auquel elle donne l'air d'une excroissance de
l'arbre. Le nid est garni de poils arrangés en forme
de coupe. Le pinson se sert surtout de poils de va-

che, qu'il ramasse dans les prairies et sur les troncs
d'arbre contre lesquels les vaches ont l'habitude de
se frotter. Ces matériaux rendent le nid assez élastique pour reprendre sa forme première même
après une forte pression.

Celui du chardonneret lui ressemble sous beaucoup de rapports, il en diffère par sa position ; on
le voit au bout d'une branche, dont il suit tous les
mouvements. On croirait qu'un vent un peu fort
doit faire tomber les œufs, ce qui arriverait certainement sans la forme du nid. Une observation plus
minutieuse nous montre que les bords sont plus
épais et se recourbent vers l'intérieur, de sorte que
les œufs sont maintenus, même si le balancement
de la branche soulève le nid d'un côté.

Au lieu de poils de vache, le chardonneret se
sert, pour garnir l'intérieur, du duvet cotonneux de
diverses plantes, telles que le pas-d'âne etc. Il ne
dédaigne pas la laine, quand il en trouve, mais préfère toujours le duvet. Sur cette couche reposent
cinq petits œufs blancs, nuancés de bleu et tachetés
d'un rouge gris. Un nid de chardonnerets, avec
ses œufs, est un des plus jolis objets de ce
genre.

Un charmant petit oiseau de l'Amérique du
Nord enlève les poils des plantes pour la construction de son nid. C'est la sylvie jaune, remarquable par le contraste que présentent un bec et
des paupières bleus avec le jaune doré de la tête
et de la poitrine. Elle place son nid en bas d'un arbuste et fait les parois extérieures d'un tissu de

fibres plus doux ; il se compose de poils de bestiaux
trouvés dans les champs et des poils qui couvrent
la tige de certaines fougères que l'oiseau enlève avec
beaucoup d'adresse. La sylvie jaune est très utile
par la grande consommation qu'elle fait des petites
chenilles vertes des arbres. Elle en détruit des
quantités énormes, ayant tous les ans deux couvées
de quatre ou cinq petits à élever.

Un autre oiseau de l'Amérique du Nord, l'aigle à
tête blanche, appelé aussi l'oiseau de Washington
et que les États-Unis ont adopté comme emblème,
occupe une place éminente parmi les constructeurs.
Wilson, le grand ornithologiste Américain, donne
une excellente description du nid :

— « L'aigle à tête blanche, dit-il, se voit rarement seul ; l'attachement qui s'établit entre le mâle
et la femelle, quand ils s'accouplent pour la première fois, paraît continuer jusqu'à la mort de
l'un ou l'autre. Ils cherchent ensemble leur nourriture et chassent ordinairement loin de leur can-
ton, les oiseaux de la même espèce. L'incubation
commence chez eux dès le mois de janvier. Le nid,
souvent d'un grand volume, se trouve placé sur
un arbre très élevé, dont le tronc ne produit de
rameaux qu'à une grande hauteur. On ne le voit
jamais sur des rochers. Il se compose de bâtons,
longs de cinq à six pieds, de grands morceaux de
gazon, de jonc et, si on en rencontre dans les
environs, d'une grande abondance de mousse
d'Espagne. Il mesure, lorsqu'il est terminé, un
mètre et demi à deux mètres en diamètre ; comme

l'oiseau l'occupe pendant de longues années, il reçoit des augmentations successives et quelquefois atteint une profondeur égale à sa largeur. Lorsqu'il se trouve sur un arbre mort, entre les fourches des branches, on l'aperçoit de très-loin.

Les œufs, au nombre de deux à quatre, sont d'un blanc terne, également arrondis aux deux bouts et parfois un peu granités. J'ai vu de jeunes aiglons, quand ils n'avaient encore que la taille des petits poulets ; ils étaient couverts d'un duvet cotonneux, le bec et les pattes paraissaient démesurément grands. Leur premier plumage est grisâtre, teinté de différentes nuances de brun : quand les parents les chassent de l'aire, ils sont en état de voler. »

Le loriot d'Europe se voit fort peu en Angleterre et son nid est encore plus rare. Ce dernier se trouve toujours près de l'extrémité d'une branche et mériterait, dans certains cas, d'être classé parmi les nids suspendus. Il présente la forme d'une cupule dont la profondeur varie ; cette dernière circonstance est due au fait que le nid reçoit des additions, quand la femelle commence à pondre. Par conséquent, un nid trouvé au printemps avant la ponte sera moins profond qu'un nid trouvé en automne, époque à laquelle les œufs seront couvés et les petits déjà élevés. L'agrandissement peut aussi avoir pour cause le mauvais temps, car il consiste toujours dans l'exhaussement des bords, Le nid est surtout fait de substances végétales, ordinairement de tiges d'herbe, entremêlées de

laine et formant une construction assez solide.
On prétend que plutôt que d'abandonner ses œufs,
la femelle se laisse prendre avec la main ; elle se
distingue du mâle par des couleurs moins tranchées.
Celui-ci est d'un brun jaune sur presque tout le
corps, à l'exception d'un trait noir qui va de l'œil

Nid du loriot.

au bec ; les ailes sont noires avec quelques tacnes
jaunes.

L'étourneau à ailes rouges de l'Amérique du
nord varie la structure de son nid selon la
localité. Il a les plumes secondaires des ailes
d'un rouge vif tandis que le reste du plumage
est d'un noir de jais. On l'appelle aussi le voleur
de blé, de maïs, etc., etc. et à tort, car, sembla-

ble à l'étourneau de notre pays, il se nourrit
principalement de larves, de chenilles et d'autres
insectes. Il ne devient voleur qu'à l'époque où se
développent les grains de maïs ; mais d'autres oiseaux et même des quadrupèdes, l'ours surtout, se
montrent friands des grains nouveaux, si doux
et si succulents, que l'homme lui-même ne
dédaigne pas. L'étourneau à ailes rouges mérite
donc proctection, et ce n'est que pendant une
semaine ou deux qu'il faut le tenir éloigné des
champs de maïs.

Vers la fin d'avril, il commence à bâtir son nid
dont la position varie davantage que celui de tout
autre oiseau. On le trouve tantôt à terre, tantôt
dans l'herbe et quelquefois sur une branche. Dans
le premier cas, il est fait d'herbes et de roseaux,
l'oiseau s'appliquant surtout à le garnir d'une
couche moelleuse d'herbes fines. S'il est posé dans
une touffe d'herbe ou de roseaux, l'étourneau
fait unp etit creux pour le nid en approchant les
tiges et en les maintenant au moyen de longs brins
d'herbe. Quand il choisit une branche, il fait usage
d'une construction beaucoup plus compliquée. Les
arbrisseaux des endroits marécageux que cet oiseaux fréquente surtout n'ont que des branches
mince et flexibles ; il faut les rendre capables de
supporter le poids du nid : à cet effet l'oiseau en
relie plusieurs ensemble en forme de cylindre
creux au moyen de roseaux mouillés et d'herbe. Les mêmes matières composent le nid. Celui-ci
n'est nullement caché, et protégé seulement par

la nature du terrain ; on en voit souvent trois ou quatre à proximité sur un seul arbrisseau.

Un des oiseaux les plus communs de l'Amérique du Nord, le motteux à poitrine jaune, nonseulement construit un très-joli nid, mais encore le défend avec une courageuse opiniâtreté. Il sait si bien se tenir caché qu'on peut le suivre pendant une heure à sa voix, sans l'apercevoir une seule fois. Dès qu'on approche il fait un signe de mécontentement, suivi d'une succession de notes syllabiques bizarres, qu'il est facile d'imiter ; mais dans ce cas, l'oiseau redouble de colère et suit le contrefacteur à une grande distance, tout en se cachant dans le feuillage.

« Dans ces occasions, dit Wilson, on entend une répétition de notes brèves d'abord, fortes ensuite, puis faiblissant par degrés ; d'autres pareilles à des jappements de jeune chien leur succèdent et sont à leur tour remplacées par des sons gutturaux qu'on dirait sortis du larynx d'un quadrupède et qui se terminent en miaulements de chat. L'oiseau jette ces sons avec violence, en les modulant si étrangement qu'ils paraissent venir tantôt de très-loin, et tantôt semblent naître à vos côtés. Cette espèce de ventriloquie déroute complétement l'observateur. Pendant un temps doux et serein, surtout si la lune brille, l'oiseau continuera ses cris bizarres presque toute la nuit , comme s'il se querellait avec l'écho. »

Quand la femelle couve, il redouble de clameurs et ne cherche plus à se cacher dès qu'il a été aperçu.

Montant presque perpendiculairement en l'air, les pattes pendantes, il descend par saccades, et dans une grande irritation. Toutes ces manifestations ont pour cause un vif attachement à sa compagne et à ses petits.

Le nid que le motteux défend si résolûment se trouve caché dans un épais fourré et souvent au milieu de ronces bien garnies d'épines. Il se compose à l'extérieur de feuilles auxquelles succède une couche d'écorce de vigne ; il est garni d'herbes sèches et de filaments de racines.

Deux des quatre espèces de pigeons que possèdent nos pays construisent un nid sur des branches : ce sont le ramier et la tourterelle.

Le ramier place son nid dans des localités très-diverses. Je l'ai trouvé au sommet d'un arbre fort élévé et aussi dans une haie à quelques pieds de terre. M. Waterton a vu sur un seul sapin des nids de ramiers, de pies et de choucas, très-rapprochés les uns des autres, sans que l'harmonie en fut troublée. Le nid du ramier est d'une simplicité extrême ; ayant trouvé une branche convenable, l'oiseau place en travers des bûchettes en plate-forme grossière. Beaucoup d'oiseaux procèdent ainsi pour poser les fondations de leur nid ; le ramier se contente de cette construction fragile que les œufs se voient dans le fond. On se demande aussi comment le vent, soufflant au travers, n'incommode pas les petits. La nature a pourvu à cet inconvénient : au lieu de jeter son fumier hors du nid, le ramier le laisse s'y accumuler ; au point

il en résulte bientôt une masse compacte, sans
odeur, qui bouche efficacement tous les interstices.
Le nid, malgré son architecture négligée, présente
toujours une forme presque circulaire.

La tourterelle bâtit un nid semblable et peut-
être avec encore moins de soins.

Le célèbre oiseau-moqueur de l'Amérique appartient également aux constructeurs sur bran
ches. La position du nid varie selon la localité ;
dans les régions incultes, l'oiseau prend beaucoup de peine pour cacher son nid ; il le place
dans le fourré le plus épais, dans un buisson
épineux, dont les piquants tiennent à distance les
importuns ; quelquefois le nid se trouve sur un
cèdre, complétement caché sous des masses d'un
feuillage sombre. Mais dans les districts habités
l'oiseau-moqueur bâtit près des maisons, sans se
soucier d'être découvert. Le nid repose généralement sur des fondations de menues branches entremêlées d'herbes sèches et se compose de paille,
d'herbes, de laine et de fibres végétales. A l'intérieur il est garni de fibrilles de racines.

Malgré sa négligence à cacher son nid, l'oiseau
se montre très-jaloux et attaque les animaux, les
reptiles, les oiseaux qui s'aventurent trop près. A
coups de becs et d'ailes il met les chiens en fuite ;
le chat renonce à faire l'ascension de l'arbre en
présence de deux oiseaux furieux et l'homme
même est attaqué par les intrépides défenseurs
de leur habitation. Le serpent noir est l'ennemi
le plus cruel de ces oiseaux ; ce reptile est inof-

fensif, mais très-craint des ignorants à cause
de sa ressemblance avec le serpent à sonnettes.
Il se nourrit de rats, de souris, de petits oiseaux
et d'œufs ; pour se procurer cette dernière friandise, il monte sur n'importe quelle branche qui
supporte un nid. Dès que l'oiseau-moqueur l'aperçoit, il s'élance avec furie et attaque la tête de

Nid de la poule d'eau.

son ennemi, partie trè-svulnérable, à coups de
bec redoublés. Si le reptile fait mine de vouloir
battre en retraite, il le saisit par le cou, l'enlève
sans cesser ses coups et le laisse tomber à terre ; il
renouvelle ce jeu jusqu'à ce qu'il ait tué l'assaillant.

La poule d'eau se montre presque aussi ca-
pricieuse **que l'étourneau à ailes rouges dont**

nous avons parlé plus haut. Quelquefois elle construit son nid par terre et le cache dans des roseaux qui ne baignent pas dans l'eau leurs feuilles longues et minces, mais elle ne fait pas fi d'un endroit chaud et confortable. M. Waterton ayant fait bâtir pour un canard une petite cabane de briques dans laquelle on avait mis du foin, la trouva occupée par une poule d'eau, et le canard fut obligé de chercher ailleurs un gîte. D'autres fois elle s'établit sur une branche basse, pendant au dessus de l'eau. J'ai trouvé plusieurs nids situés ainsi ; pour les atteindre, il fallait entrer dans l'eau. Le nid, assez grand et grossièrement construit, placé sur une branche dont les ramilles plongent souvent dans l'eau, ressemble à un paquet de mauvaises herbes et de débris qui, descendant le courant, ont été arrêtés par la branche. Une singulière habitude de la poule d'eau, ajoute à cette ressemblance : chaque fois qu'elle quitte le nid, elle cache complétement ses œufs sous un amas des mêmes matériaux qui entrent dans la construction du nid. Quant on trouve ses œufs à découvert, c'est que l'oiseau effrayé a pris la fuite avant d'avoir pu les dissimuler. Ils sont au nombre de six à huit et forment, réunis, un certain poids, car leur volume est proportionné à celui de l'oiseau. Les petits sont de singulières créatures et ressemblent plutôt à des boules de duvet noir qu'à des oiseaux. Ils prennent l'eau dès leur éclosion et nagent à l'aise près de la mère, en fendant la plaine humide avec une rapidité qui rappelle à l'observa-

teur les gyrius, vulgairement nommés *tourni-
quets*. En dépit de leur fécondité, les poules d'eau
ne sont pas très-abondantes : dès leurs premiers
jours elles sont exposées à de nombreux ennemis,
dont le plus redoutable, le brochet, glisse sous l'eau,
surprend l'oiseau sans défense et l'entraîne au
fond de l'abîme.

XXIX

Le bruant des roseaux construit très - remarquablement son nid, qu'on découvre à cause
de sa position. Ce joli petit oiseau a le dessus
du corps brun clair et le dessous jaune tirant
sur le brun. Bien qu'il soit assez commun
et qu'il se laisse facilement approcher, il est peu
connu à cause des localités qu'il fréquente et où les
naturalistes seuls vont l'observer. Il choisit de préférence des districts marécageux presque entièrement couverts d'une eau stagnante et remplis de
roseaux. Or, peu de personnes aiment à s'aven-
turer dans une vase, dont la profondeur varie à
chaque pas, comme cela arrive dans les marais

fréquentés par le bruant des roseaux ; le chant même de l'oiseau, assez faible et monotone, ne s'entend pas à quelque distance et par conséquent n'attire pas l'attention. Le nid est soutenu par trois ou quatre roseaux ; il est beaucoup plus profond que large. Le but de cette disposition est évident. Quiconque a observé, par un vent violent, une

Nid du bruant des roseaux.

masse de roseaux, a dû les voir onduler en courbes gracieuses et quelquefois plonger dans l'eau leurs extrémités. Un nid reposant sur des appuis aussi faciles à faire plier doit à chaque souffle s'écarter de la verticale, au risque de faire tomber ses œufs, s'il ne neutralisait pas par une très-grande profondeur les effets de ces mouvements. Le bruant repose avec sécurité dans son nid, même quand le vent le fait s'incliner presque à la surface de l'eau. Les matériaux qui entrent dans la construction sont de la mousse et des fragments de joncs, reliés par des feuilles de roseaux ; l'intérieur est doublé de poil de vache. L'oiseau pond quatre ou cinq œufs d'un vert très-pâle et mouchetés de brun et de vert.

Beaucoup d'oiseaux des autres pays sont d'excellents constructeurs sur branches. Un des mieux connus est la linotte bleue d'Amérique. Ce charmant oiseau a le plumage d'un bleu azuré, brillant sous les rayons du soleil de reflets satinés et prenant à l'ombre la teinte sombre de l'indigo. Vu sous un certain jour il se montre vert de gris, et l'oiseau, en changeant de place, semble changer de couleur ; les ailes sont toujours noires. Selon Wilson, la linotte bleue fait son nid dans un buisson entre deux ramilles auxquelles il est attaché par de forts filaments dont se composent également les parois. Il est garni de menues herbes.

Dans l'Afrique du Sud se trouve un petit oiseau de plumage très-sombre, mais très-intéressant. Le Vaillant l'appelle le capocier, parce qu'il niche sur un arbuste à coton nommé capoc-bosche par les colons hollandais.

Le Vaillant était parvenu à apprivoiser deux petits oiseaux bruns, au point qu'ils pénétraient sans crainte sous sa tente Vers l'époque de la nidification, ils vinrent plus rarement et même disparurent pendant plusieurs jours. A leur retour, ils prirent fantaisie d'enlever du coton et de l'étoupe, dont il y avait une quantité sur la table et que M. Le Vaillant employait à la préparation des objets d'histoire naturelle. Frappé de cette circonstance, le naturaliste les surveilla et les suivit jusqu'auprès d'un capoc-bosche placé dans un endroit très-retiré. Ils avaient déjà, entre la fourche d'une branche, passé une masse de mousse comme base du nid ; au lieu d'employer selon leur habitude, le duvet blanc de certaines plantes, ils trouvaient plus commode d'enlever le coton tout préparé de M. Le Vaillant et d'en faire un nid.

Le mâle surtout allait chercher les matériaux et les déposait près de sa compagne à qui semblaient réservées les fonctions d'architecte. Le troisième jour, les oiseaux avaient achevé de rendre le fond compacte en pressant et façonnant les matériaux avec leur poitrine. Ils commencèrent les parois en élevant un simple bord sur lequel ils empilèrent des touffes de coton ; à mesure que l'édifice avançait, ils y firent rentrer les brindilles les plus rapprochées, tout en ayant soin que rien n'altérât la forme et la surface unie de l'intérieur. Ils firent usage d'une quantité étonnante de mousse, de coton et d'étoupe : le septième jour, la besogne était terminée. Cette admirable construction, blanche comme la neige, avait vingt-deux centimètres de haut à l'extérieur et seulement douze centimètres à l'intérieur. La partie la plus remarquable était les parois; à l'intérieur elles semblaient faites de feutre d'un tissu tellement serré que ni l'eau ni le vent n'y pouvaient pénétrer et qu'il était impossible d'en arracher un brin sans y faire un trou. L'extérieur présentait une apparence moins régulière à cause des nombreuses ramilles que les oiseaux avaient comprimées dans la masse

Un des nids les plus remarquables est celui de la topaze de feu, le plus magnifique des oiseaux-mouches, selon le prince Lucien Bonaparte. Cet oiseau a le corps d'un écarlate ardent, sa tête est d'un noir velouté ; la gorge ayant au centre une tache cramoisie étincelle d'un vert d'émeraude; la partie inférieure du dos est également verte ; la même teinte se mêle au pourpre des longues pennes croisées de la queue. En dépit de cette brillante parure, qui semble faite pour refléter la lumière éclatante du soleil, la topaze se montre rarement le jour et cherche sa nourriture quand une profonde obscurité envahit la terre.

Son nid, attaché avec beaucoup de soin à une branche, est très-remarquable à cause des matériaux. On le dirait fait d'un cuir jaune grossier, et on le prendrait volontiers pour une excroissance naturelle plutôt que pour un nid. C'en est une en réalité ; car, lorsque la topaze de feu veut construire un nid, elle cherche sur les arbres une espèce de champignon du genre bolet, dont elle se sert pour sa demeure. Si le lecteur veut avoir une idée du nid, qu'il se l'imagine fait d'amadou (qui est aussi une espèce de bolet) qu'on a pressé et séché, puis trempé dans une faible solution de nitre.

L'oiseau-mouche à gorge de rubis est très-

commun dans différentes parties de l'Amérique
et s'avance quelquefois jusqu'au Canada. Il tire
son nom des plumes de la gorge dont l'éclat
métallique laisse voir alternativement des teintes de rubis et d'orangé ; le corps en général
est vert et les ailes sont d'un brun pourpre. L'un
et l'autre sexe se parent des mêmes couleurs,
à l'exception du gorgerin rubis qui n'appartient
qu'aux mâles ayant deux ans. C'est l'espèce la plus
commune dans les collections d'histoire naturelle.
Je dirai à ce propos que je ne puis comprendre
comment ils ne sont pas plus rares ; car les oiseaux-
mouches ne pondent que deux œufs à la fois et
n'élèvent que trois ou quatre petits au plus dans
une saison.

L'oiseau-mouche à gorge de rubis mesure seulement huit centimètres, et quoique plusieurs
oiseaux très-petits se fassent de très-grands nids,
il en construit un qu'on dirait même trop petit
pour lui. Il possède un grand talent pour le cacher
en le faisant ressembler à l'un de ces nœuds que
l'on voit sur les branches ; la femelle en outre ne
s'y rend pas en ligne droite : s'élevant à une grande hauteur elle s'élance tout à coup avec une telle
rapidité dans les branches que l'œil ne peut la
suivre, et pendant que le spectateur cherche encore
dans quelle direction elle a disparu, elle se trouve
déjà installée dans son nid. Cette habitude de l'oiseau a été remarquée par M. Webber. Un couple
de ces animaux s'étant établi dans le voisinage, il les surveilla longtemps sans pouvoir dé-

couvrir le nid. Leur habitude de monter perpendiculairement en l'air et d'en descendre avec la rapidité de l'éclair les faisait instantanément perdre
de vue ; toutefois à force de patience, M. Webber
réussit à surprendre la femelle au moment où elle
se glissait dans le nid. Le même auteur raconte
comment un jour il découvrit un nid d'oiseaux-
mouches à gorge d'émeraude, dont la construction ressemble à celui de l'espèce qui nous occupe :

« Venant de tirer des écureuils par une très-forte
chaleur, je me reposais à l'ombre d'un grand
arbre, au bord d'une rivière, quand le gazouillement d'un oiseau-mouche m'éveilla de ma rêverie.
Je le vis se poser sur la branche d'un arbre de fez.
Cinq minutes après vint un second oiseau qui se
posa sur ce qui me semblait être un nœud de la
branche. L'un d'eux s'envola, et après une attente
de quinze minutes sans perdre un instant la branche de vue, je suivis lentement la rive, ne voyant
pas où je plaçais le pied, mais heureux de m'emparer d'un nid d'oiseaux-mouches.

« Au moment où je m'avançais plein d'espoir,
mon pied s'accrocha à une racine et je fis un plon-
geon dans la rivière. J'en sortis en me secouant,
et, loin d'avoir perdu mon ardeur, je jurai de trouver le nid tant souhaité, dussé-je le chercher huit
jours durant. Mais où commencer ? j'avais perdu de
vue la branche et il m'était impossible de la distinguer des autres. Prenant position sous l'arbre, j'en
scrutai toutes les branches l'une après l'autre : une
demi-heure après, j'avais gagné un torticolis et

aperçu au moins une demi-douzaine de nœuds sans savoir si celui que je cherchais était du nombre.

« J'eus recours à une autre tactique. Je montai sur l'arbre et examinai de près chaque branche. Le procédé était fatigant, mais je ne me décourageai pas. Plus d'un nœud m'avait déjà donné une déception, lorsqu'en jetant un regard sur la branche que je venais d'atteindre, je vis à un mètre de moi étinceler le corps et les ailes de l'oiseau. Celui-ci couvrait un de ces nœuds mystérieux de la grosseur d'un œuf de poule. La joie de ma découverte faillit me faire perdre pied. L'oiseau gardait une immobilité complète ; les yeux seuls étaient en mouvement et me regardaient des pieds à la tête de l'air le plus intrépide. »

Revenons à l'oiseau-mouche à gorge de rubis. Son nid varie très-peu dans la forme, les matériaux et la situation, mais il conserve toujours pour l'observateur un caractère bien distinct. Tantôt il se trouve sur une branche horizontale, comme celui de M. Webber, tantôt il est fixé contre un tronc d'arbre ; on l'a vu, à de rares occasions, dans un jardin et attaché à une plante forte de tige. Dans les bois, l'oiseau choisit généralement un jeune arbre de chêne blanc ; un poirier s'il construit dans un jardin. Le nid n'a guère que deux centimètres de largeur et autant de profondeur, de façon qu'il est excessivement petit, comparé à l'oiseau qui mesure plus de sept centimètres. Il se compose principalement du duvet cotonneux de certaines graines que l'oiseau entremêle de manière à en faire une paroi assez épaisse ; sur cette couche moëlleuse reposent deux tout petits œufs. A l'extérieur il plante des quantités d'un lichen gris croissant sur les arbres.

L'apparence du nid se confond ainsi avec celle de la branche qui le porte. Le nid ne se trouve pas simplement placé sur la branche, ce qui lui donnerait des couleurs prononcées et contribuerait à le faire découvrir ; au contraire, la base continue presque tout autour de la branche, de façon que la construction semble en faire partie, comme si c'était une excroissance naturelle.

Les petits, dès leur éclosion, se nourrissent en plongeant le bec dans celui des parents et en pompant les sucs que ceux-ci ont cueillis sur les fleurs.

Dans les haies de notre pays on voit souvent un nid joli par lui-même et remarquable par ses accessoires ; c'est la demeure de la pie-grièche rouge. On sait que les pies-grièches sont des oiseaux de proie. Une espèce, la grande pie-grièche, était autrefois dressée au vol des petits oiseaux ; au temps des lois somptuaires, c'était le seul oiseau qu'il était permis à ceux qui n'étaient pas nobles d'employer à la chasse.

Les pies-grièches se distinguent des autres oiseaux de proie par une singularité : dès qu'elles ont tué leur victime, que ce soit un mammifère, un oiseau, un reptile ou un insecte, elles l'empalent sur un buisson épineux dont elles lui passent une épine à travers le corps. La raison de cet étrange procédé n'est pas connue ; selon quelques personnes, l'estomac de la pie-grièche ne peut digérer de la chair fraîche ; celle-ci doit être à moitié pourrie pour que l'oiseau puisse la manger. Cette théorie n'est pas exacte, puisque la pie-grièche avale souvent sa proie au moment où elle la prend. Quoi qu'il en soit, il n'en est pas moins avéré que les pies-grièches emportent leurs victimes près de leur nid. La pie-grièche rousse est moins redoutable aux oiseaux que l'espèce plus grande, car elle se nourrit principalement d'insectes. Comme elle est très-commune, on trouve facilement son nid ; elle-même semble tout faire pour attirer l'attention. Elle se tiendra à vingt ou trente mètres en avant de l'endroit où vous serez, tantôt volant, tantôt se posant sur une haie ou hochant sa longue queue. Ce sont des indices certains d'un nid dans le voisinage, et si, guidé par elle, l'observateur s'en approche, l'oiseau pousse des cris affreux comme pour dire au chercheur qu'il est sur la bonne voie. Le nid est grand et n'est pas caché avec beaucoup de soin : il présente un singulier spectacle ; une variété d'insectes tels que bourdons, hannetons, etc., l'entourent, chacun empalé sur une épine. On y voit aussi, mais très-rarement, de tout jeunes oiseaux qui n'ont pas encore de plumes ; au lieu d'être empalés sur une épine passant à travers le corps, comme les insectes, ils sont attachés par une épine entre la peau et la chair seulement.

Un préjugé populaire veut que la pie-grièche

maintienne toujours à neuf le nombre de ses victimes ; delà son nom générique *Enneocnus,* composé de deux mots grecs qui signifie « tueur de neuf ». Le nid se compose de racines, de mousse de laine et de fibres végétales ; en dedans il est tapissé de crins. Je l'ai généralement observé à un mètre et demi de terre et très-facile à trouver.

Citons en dernier lieu, parmi les constructeurs sur branches, la fauvette d'hiver, qui, loin de cacher son nid, semble au contraire tout faire pour le signaler à l'attention de ses ennemis. Ceux-ci sont nombreux ; il y a d'abord et en première ligne le gamin, dénicheur de nids par excellence, qui, s'il a quelquefois de la peine à s'emparer du nid de la pie-grièche placé à une hauteur d'un ou deux mètres, se rend facilement possesseur de celui de la fauvette d'hiver qui n'est qu'à deux pieds du sol. En outre, dans son empressement à entrer en ménage, l'oiseau se met à construire avant qu'une seule feuille soit poussée pour abriter sa demeure. Puis, vient le coucou qui, voletant le long des haies, cherche un nid où pondre l'œuf qu'il ne couvera point ; celui de la fauvette d'hiver lui paraît surtout convenir, et l'oiseau est obligé de prodiguer à un étranger l'affection et les soins qu'il tenait en réserve pour ses cinq rejetons légitimes. Outre les chats, les rats et les belettes, il y a encore les pies-grièches qui s'emparent des petits et les empalent dans leur garde-manger. Les pies communes ne font pas moins de ravages parmi les œufs et les petits. Le Hibou viendra quelquefois se régaler de ces derniers ; la vipère rampera jusqu'au nid et s'emparera aussi de cette proie facile.

La fauvette d'hiver produisant deux et même trois couvées ne voit pas toute sa famille succomber sous les coups de ses ennemis ; elle a la satisfaction de pouvoir en élever quelques membres. Le nid, assez grand, est construit solidement mais sans élégance, comme on peut l'observer dans tous les nids placés à proximité du sol. Il se compose de mousse, de laine, de poils et d'autres matières de ce genre. Chaque couvée est de cinq œufs dont trois en moyenne parviennent à bonne fin.

XXX

ARAIGNÉES ET INSECTES CONSTRUISANT DANS LES BRANCHES.

Nids de l'Araignée à touffes. Forme et couleur de l'insecte.
— Nids démontrant le principe hexagone. — Nid de l'icaria. —
Théorie d'égale pression et d'excavation. — Le bombyx processionnaire. Ses ravages parmi les arbre. — Remède donné par
la nature. — Le calosoma. — Le bombyx disparate. — Le bombyx à livrée. Remarquable disposition des œufs. Origine du
nom. — Nids d'Icaria sur des branches. — Nids d'apoica. — Nids
de bombyx de Montévidéo.

Nous avons déjà parlé d'araignées faisant un nid
sous terre ou le suspendant en l'air ; il en existe
qui doivent être rangées parmi les constructeurs
sur branches. Les grands nids en forme de cocons
sont faits par l'araignée à touffes des Indes
Occidentales, ainsi nommée à cause des touffes
de poils roides qui garnissent ses membres. Le
corps de l'insecte mesure trois centimètres,
longueur dont les deux tiers représentent l'abdomen. Il est d'un brun chocolat très-foncé et

porte des taches rondes d'un jaune vif; des bandes de la même couleur traversent l'abdomen. L'insecte est armé d'une formidable paire de mâchoires toutes

Araignées à nids suspendus.

noires dont les crochets venimeux sont courbés en dedans comme les dents du serpent à sonnettes.

Nids de l'araignée à touffes.

Sur le devant du thorax se trouvent les huit yeux dont les quatre plus grands, posés sur des protubérances, forment un carré oblong au milieu duquel sont rangés les plus petits. Cette araignée a les membres très longs; la première, la seconde et la quatrième paire de jambes sont garnies de touffes épaisses de poils dont deux sur les premières et une sur la dernière; la troisième paire, la plus courte de toutes, n'en a pas. Ces touffes d'un jaune brun très-vif contrastent agréablement avec la teinte noire foncée des jambes.

Le nid remarquable de la gravure suivante est dû à un hyménoptère qui appartient à la famille des polistides. Il s'attache à la branche par un pédoncule long, assez mince; l'ouverture des cellules est tournée en bas, comme il arrive généralement chez ces insectes. Le plus souvent le nid se compose d'un seul groupe de cellules; mais quelquefois on rencontre un spécimen plus parfait semblable à celui de la gravure. Ce dernier mode de suspension n'offre pas plus de danger que celui de la guêpe commune; le lecteur se souviendra que cet insecte construit des rangées de cellules attachées les unes aux autres par des piliers de la même matière que celle employée dans la masse générale.

La chenille processionnaire se fait remarquer parmi les insectes construisant des demeures sur des branches. Elle pond ses œufs surtout sur le chêne. Les chenilles de cette espèce se bâtissent, dès leur éclosion, une habitation en commun, ayant une seule ouverture. Quand elles sortent pour chercher leur nourriture, elles marchent à la file et processionnellement. On trouve toujours dans leurs nids une ou plusieurs larves six ou sept fois plus grandes qu'elles. Ce sont les larves d'un beau coléoptère d'un bleu verdâtre, appelé scientifiquement *calosoma sycophanta*. Elles se nourrissent de différentes chenilles et d'autres larves, même de celles des tenthrèdes. Elles portent à la queue deux piquants cornés et sont munies pour saisir leur proie, de fortes mandibules cour-

Nids des polistides.

bées. Très-voraces de leur naturel, elles avalent plusieurs grandes chenilles par jour et causent dans les nids beaucoup de ravages.

Un naturaliste français, M. Boisgérard, connaissant les mœurs de cette larve, mit à profit sa voracité. Des chenilles du bombyx disparate, infestaient en grand nombre ses arbres et en dévoraient les feuilles. Pour s'en débarrasser, il plaça sur les arbres attaqués plusieurs calosoma femelles. Les larves qui sortirent de leurs œufs se multiplièrent au point qu'à la fin de la troisième année elles avaient détruit toutes les chenilles et durent chercher ailleurs leur nourriture.

Les bombyx à livrée pondent leurs œufs en les disposant en cercle autour d'une petite branche, et les couvrent d'une espèce de vernis qui, durcissant à l'air, les protége contre la pluie. Pendant un temps humide les chenilles de cette espèce ne quittent pas leur habitation commune, si ce n'est pour chercher leur nourriture. Elles ne perdent pas leur chemin ayant soin d'émettre durant la marche un long fil soyeux qui les guide pour retrouver leur demeure. Elles quittent le nid avant de se trans-former en nymphes. La larve est assez jolie, ayant le corps marqué de longues lignes bleues, jaunes et blanches dont la disposition lui a fait donner le nom de chenille à livrée.

Parmi les nids d'hyménoptères du Musée Britannique il s'en trouve plusieurs faits par différentes espèces d'*icaria*, genre d'insectes dont il a déjà été question. Ils se composent de longues cellules hexagonales, placées côte à côte. Voici comment procède l'insecte : de la même matière qu'il emploie pour les cellules, il fait un pédoncule mince et l'attache à une branche. Celui-ci est très-dur et peut supporter un poids considérable, ainsi que l'exige la structure du nid. Puis l'insecte fait une première cellule, à la manière des

guêpes, et la fixe au pédoncule, l'ouverture en bas ;
elle en ajoute à côté une seconde, une troisième et
ainsi de suite. Comme la guêpe elle se sert des
fibres ligneuses, de manière que les groupes de
nids, de couleur brune, ne s'aperçoivent pas facilement, en dépit de leur structure bizarre.

On se fera difficilement une idée de l'immense

Nids de l'icaria.

variété de formes qu'on rencontre dans les nids des
insectes. Aucune règle ne semble présider à la construction de ces demeures ; au moins n'en a-t-on
pas découvert. La raison de ces différentes formes
reste également inconnue. Aucun nid n'excite autant l'admiration et la surprise que le groupe merveilleux représenté par notre gravure.

Dans une autre partie de cet ouvrage nous avons
parlé de la forme hexagonale des cellules, bâties
par certaines espèces d'hyménoptères, sans toutefois
expliquer le mode de construction qui, pour nous,
présente une énigme. Si nous examinons le groupe
dû à un insecte appelé *apoica pallida*, la question
se complique davantage et nous laisse dans une
obscurité plus grande encore. Si les cellules citées
plus haut étaient hexagonales, dans le cas actuel

Nids de l'apoica pallida.

les nids tout entiers affectent plus ou moins cette
forme.

Afin de prévenir toute erreur, disons que les quatre nids ou groupes de cellules n'ont pas été trouvés
adhérents à une seule branche ; on les a rapprochés
pour en faciliter la comparaison. Leur position a
été également changée ; des nids de ce genre sont
en général suspendus l'ouverture tournée en bas ;
ici on en a représenté plusieurs placés de champ,

pour faire voir leurs contours, notamment le nid qui se trouve sur la droite.

Les nids n'ont ni le même volume, ni la même forme. Le plus grand, celui du milieu, mesure plus de vingt centimètres de diamètre, tandis que le plus petit, occupant l'extrémité de la même branche, atteint à peine la moitié de cette dimension. Quelques-uns sont parfaitement hexagonaux, d'autres ne le sont qu'en partie et d'autres encore affectent une forme presque circulaire ; cependant, même chez ceux-ci, un examen minutieux fait voir des traces d'un hexagone. Les surfaces supérieures sont plus ou moins convexes, disposition qui ne permet pas à la pluie d'y pénétrer ; sans cela le nid ne résisterait pas aux pluies torrentielles du pays.

Les cellules étant presque d'égale longueur, la surface inférieure se trouve par conséquent concave. En fait, les nids ressemblent à des bassins peu profonds et à fortes parois, ou plutôt à des champignons de forme régulière. Le spécimen du milieu surtout, placé sur le sol, ne manquerait pas d'être pris pour un champignon dont il a la couleur brun jaunâtre. Malgré la différence de diamètre, les nids offrent une épaisseur presque uniforme et facile à expliquer. Les jeunes larves atteignent toutes à peu près la même taille et ne se partageant pas en mâles, reines et ouvrières de différentes grandeurs, les cellules sont presque égales entre elles. Donc, quel que soit le nombre des cellules, l'épaisseur de la masse reste la même malgré toute augmentation du diamètre.

Les nids sont tous attachés de la même manière à une branche passant par la surface supérieure. A mesure que le nid s'agrandit d'autres supports s'y ajoutent au besoin, comme dans le nid le plus grand qui a trois points d'attache.

La manière dont ces groupes de cellules sont formés reste un problème insoluble. Ils sont é· normes, comparés au faible volume de l'architecte, cependant les côtés et les angles présentent une précision mathématique. La théorie de l'excavation ou de l'égale pression ne peut s'appliquer à ces nids, raison de plus pour la rejeter absolument. L'insecte même ne présente rien de frappant ; en apparence il est long, mince et d'un jaune pâle, on dirait que quelque entomologiste l'a soumis à la vapeur du souffre et lui a enlevé ses couleurs naturelles. Les ailes aussi ont l'air d'avoir été blanchies ; somme toute rien chez l'insecte ne fait présumer l'énergie nécessaire à la construction de pareilles demeures.

Le dernier nid d'insectes dont nous allons parler, n'a pas encore été décrit, n'ayant été envoyé que depuis peu de Montévidéo.

Les fondations du nid sont faites de tiges et de fragments de feuilles, depuis l'épaisseur d'une plume d'oie jusqu'à celle d'une aiguille. Ces objets sont superposés en se croisant, de façon que l'on pourrait facilement prendre le nid pour celui d'une grande larve de phrygane. Disons qu'on trouve des nids de différentes grandeurs et qui varient dans leur construction ; quelques-uns se composent entièrement de larges feuilles, d'autres principalement de tiges entre lesquelles l'insecte a pressé des fragments de feuilles.

L'enveloppe extérieure de ces nids, quoique mince, est très-dure et crie sous les ciseaux comme du parchemin. Elle se trouve presque indépendante du nid qu'elle renferme et auquel elle se rattache par quelques saillies de tiges. Les tiges sont placées les unes sur les autres de manière à s'entre-croiser et laissant au milieu un espace vide. Entre elles et la première enveloppe se trouvent pressés des fragments de feuilles que l'insecte semble avoir découpés avec intention, dans les plus fortes nervures ; la surface supérieure des feuilles est toujours tournée vers l'extérieur. L'espace creux entre les tiges se trouve garni d'une doublure plus fine et plus soyeuse que l'enveloppe extérieure. Ces quatre couches différentes offrent à l'insecte un abri suffisant contre les intempéries de l'air et les attaques de ses ennemis.

Le mâle des insectes qui construisent ces nids est plutôt petit que grand ; il a le corps brun avec quelques taches noires sur les ailes. Les antennes sont remarquables, étant doublement pectinées comme celles du bombyx constructeur. Un long poil épais et satiné couvre tout le corps. La femelle ne quitte jamais sa demeure et change à peine de forme. A l'état d'insecte parfait on la prendrait aisément pour une chenille plus ou moins charnue. Elle n'a ni ailes ni jambes, ses mœurs sédentaires rendant ces membres superflus. Le mâle la trouve, guidé sans doute par son instinct, comme cela se remarque chez plusieurs de nos grandes espèces de bombyx.

XXXI.

Habitations animales non classées.

Dans ce chapitre nous décrirons diverses demeures n'appartenant à aucun groupe particulier, mais
suffisamment caractérisées pour qu'on ne les passe
pas sous silence. Commençons par deux habitations aquatiques, l'une fixée sous l'eau, l'autre flottant librement à la surface.

Quiconque fréquente les bords de la mer a dû rencontrer certains objets semblables à des feuilles et
rudes au toucher: ce sont des *lepralia*. On les prend
ordinairement pour des algues, mais ce sont en

réalité les demeures sous-marines d'une nombreuse
classe d'animaux appelés les polypiers, parce que
l'association de beaucoup d'animaux distincts forme
une seule communauté. Pendant longtemps leur
place dans la création semblait indécise ; on reconnaît maintenant qu'ils sont du genre des mollusques. Par la forme générale, ils ressemblent aux
zoophytes et on confond souvent les deux groupes,
bien qu'il y ait entre eux plus de différence qu'entre le singe et la limace. Ils se présentent sous plusieurs formes, dont les principales sont celles d'une

Divers types de lepralia

feuille, de ramilles branchues et de cellules aplaties
couvrant une tige d'algue, un coquillage vide ou
tout autre objet.

Le polypier le plus répandu est la flustre foliacée.
En passant le doigt sur un de ces objets on y sent
des aspérités très - marquées ; elles sont dues
à la structure de la flustre qui, vue au microscope, se compose d'une grande quantité de
cellules garnies de petites saillies dentelées. Les
habitants des cellules ressemblent aux polypes
des zoophytes; chacun est pourvu d'un beau plu-
met de tentacules. Lorsque l'animal repose, il est

retiré dans sa cellule ; mais quand la faim le presse,
il sort à moitié, déploie ses tentacules et attend la

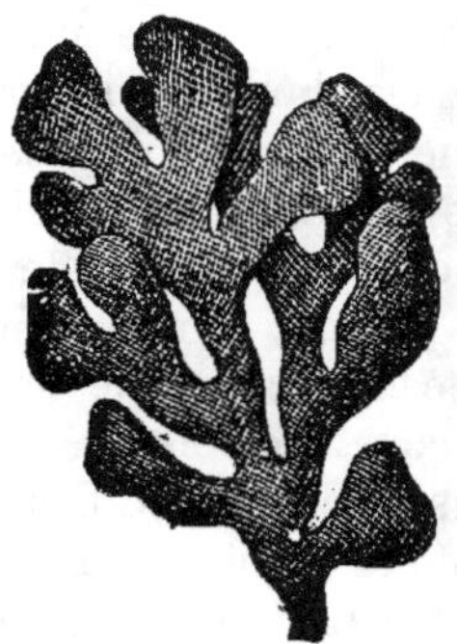

La flustre fliacée.

nourriture que lui apportent les fluctuations de
l'eau.

La seconde demeure aquatique est construite

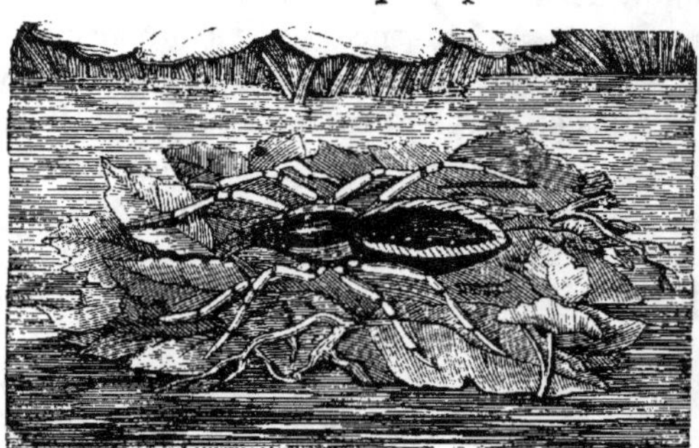

L'araignée à radeau.

par l'araignée à radeau, une des plus grandes
de notre pays. L'insecte est ordinairement cou-

leur chocolat ; une large bande orangée marque les contours de l'abdomen et du thorax ; le premier porte sur sa surface une double rangée de petites taches blanches ; les pattes sont d'un rouge pâle. On ne trouve l'araignée à radeau que dans les endroits marécageux et surtout dans les marais du comté de Cambridge où depuis longtemps l'on connaît ses mœurs. Non contente de faire la chasse aux insectes à terre, elle les suit jusqu'à l'eau sur laquelle elle court très-bien. Pour avoir un lieu de repos, elle assemble des feuilles sèches et d'autres substances de ce genre et en fait une boule en les reliant avec des fils soyeux. Assise sur ce radeau, qu'elle paraît ne pas pouvoir diriger, elle se laisse aller au gré du courant ou du vent.

La proie ne manque pas, les insectes aquatiques remontent constamment à la surface pour respirer, et quoiqu'ils n'y restent qu'une seconde ou deux, ce temps suffit à l'araignée pour s'emparer d'eux. Puis il y a d'autres insectes, tels que les cousins, dont les ailes se développent au contact de l'eau et qui sont pris avant d'avoir acquis assez de force pour s'envoler. D'autres insectes encore, tels que les bombyx, les mouches, les coléoptères, etc., tombent constamment dans l'eau et deviennent une proie facile pour l'araignée.

Cette dernière ne se borne pas à se reposer sur son radeau et à capturer les insectes passant à sa portée ; dès qu'elle en aperçoit un, elle s'élance en courant sur l'eau, saisit sa proie et revient la dévorer sur le radeau. Elle sait même descendre sous l'eau à quelques centimètres de profondeur; dans ce cas, elle ne plonge pas comme l'araignée aquatique, mais se sert d'une tige de plante. La faculté de pouvoir rester quelque temps sous l'eau lui sauve souvent la vie ; car, à l'approche d'un ennemi, elle se glisse sous le radeau et attend que tout danger ait disparu.

Une espèce du même ordre et habitant les mêmes localités, l'araignée pirate, poursuit aussi sa proie sur l'eau, sans posséder la faculté de bâtir un radeau.

Dans un précédent chapitre nous avons décrit le joli nid suspendu de la souris des moissons ; nous allons maintenant parler de celui du campagnol et de l'habitation du petit rongeur à longue queue, à museau pointu, la souris domestique.

Le campagnol a le dos rouge, le ventre gris, les oreilles courtes et le museau arrondi ; l'observateur peut le voir tous les jours, car il abonde dans les champs, surtout dans les prairies situées près de l'eau. Quoiqu'il soit toujours porté à agir la nuit, il ne craint pas la lumière et je l'ai souvent pris en plein midi. Sa couleur se confond tellement avec le sol, il se glisse si bien, sans faire de bruit et avec tant de rapidité, qu'on ne l'aperçoit que difficilement, même au milieu d'une herbe courte. Vers le soir, il grimpe sur les arbrisseaux et les plantes à la recherche de sa nourriture, et se montre presque aussi adroit que l'écureuil, s'accrochant au moyen de ses griffes acérées, à chaque aspérité de l'écorce en étreignant les tiges de ses longs doigts. On est sûr

de le trouver dans une haie où il y a une grande
quantité d'églantiers, dont le campagnol aime
beaucoup les fruits mûrs. Il enserre aussi des
provisions pour l'hiver, car il ne fait pas partie des
hibernants et ne craint pas la neige qui montre
souvent l'empreinte légère de ses pas.

Cet animal se construit deux demeures ; l'une pour
l'hiver, l'autre pour l'été. La première se trouve sous
la terre, généralement à quelques centimètres de
profondeur; souvent à cause de sa forme globulaire,
la guêpe s'y établit quand le campagnol l'abandonne
pour sa résidence d'été. Outre ce nid, il existe aussi
une cachette pour les provisions d'hiver; on y trouve
entre autres des fruits d'églantier en abondance,
ainsi que des noyaux de cerise. Dans les districts
où les cerisiers abondent, ces noyaux ne manquent
jamais au campagnol ; ils lui sont fournis par les
oiseaux friands des cerises. Au lieu de les casser
entre ses dents aiguës, il y perce un petit trou par
lequel il extrait l'amande. Il agit de même avec le
fruit de l'églantier dont il ne mange pas l'enveloppe.

Le nid d'été se trouve tout autrement fait; il est
placé sur le sol, dans un petit creux, de préférence
dans une prairie ou un champ de blé dont les brins
et les tiges le cachent. C'est un amas de brins
d'herbe coupés excessivement fins sans laisser voir
aucune entrée. On se demande comment les petits
sont nourris par la mère, à moins que celle-ci ne
**fasse une ouverture à chacune de ses visites et ne
la referme à sa sortie.**

La souris à longue queue des champs ou des bois,
tout en se construisant un nid d'hiver, en fait d'autres pendant la bonne saison et dans les endroits
qui lui plaisent momentanément. M. Briggs dit
avoir vu une de ces souris bâtir un nid en trois
jours.

Une espèce de souris des champs, par son habitude
d'amasser des provisions pour l'hiver, rend quelquefois de grands services à l'humanité. Des souris
se sont récemment montrées dans les environs
d'Odessa en quantités innombrables, où elles faisaient de grands ravages. Non contentes de dévorer
les moissons, elles pénétraient dans les maisons où
on en prenait souvent de vingt à trente dans un seul
jour. Cependant elles n'étaient pas sans utilité. Le
pays est sujet à être envahi par des sauterelles qui,
cette année là, se montrèrent plus abondantes que de
coutume. Comme beaucoup d'insectes de leur ordre,
les sauterelles ont leurs œufs enfermés dans des
capsules. Ces dernières étaient très-recherchées par
les souris, qui non-seulement les dévoraient avidement mais encore en amassaient pour l'hiver. De
cette façon, elles contribuèrent plus efficacement à
la destruction des sauterelles que tous les moyens
mis en œuvre par les hommes.

La souris domestique fait son nid de différentes
matières et dans des situations très-diverses. A la
campagne elle se sert de foin, de feuilles, de paille
coupée en morceaux et de racines ; mais en devenant habitante d'une ville, elle sait s'accommoder
aux circonstances et ne manque jamais ni de ma-

tériaux, ni d'un emplacement convenable. Alors elle tire parti de tout ce qu'elle trouve et, s'il le faut, coupe en morceaux à son usage des livres, des journaux, des rideaux, etc., etc. Voici plusieurs exemples remarquables de nids de souris.

Vers la fin de l'automne, on avait mis sous un hangar un certain nombre de pots de fleurs. Au milieu de l'hiver, il fut nécessaire de les déplacer ; la personne chargée de ce soin remarqua dans la terre de l'un d'eux, un trou d'où sortit une souris, suivie d'une seconde, dès que le pot fut mis à terre. On trouva, en fouillant un peu, un joli nid fait principalement de paille et de papier. Sans le trou, on aurait pu croire à première vue que la terre était intacte, mais les souris avaient eu l'adresse de la creuser et d'enlever les déblais par le petit trou. Au lieu de vider complétement le pot, elles y avaient laissé d'instinct une croûte qui les cachait.

Un observateur rend compte en ces termes d'un autre nid de souris :

« Dans les premiers jours de mars, nous vîmes couver une poule dans un panier qu'on plaça sur un sac afin de conserver la chaleur. La poule était bien emplumée et avait la queue amplement garnie, mais à mesure que le temps s'écoulait, celle-ci se raccourcissait et fut bientôt réduite à un simple tronçon. On s'en étonna, car rien n'expliquait cette métamorphose. Les poussins étant éclos, on les mit avec la mère dans un autre nid ; lorsqu'on enleva l'ancien on vit qu'une souris s'était établie sous le panier et s'était fait un nid avec le foin et les fils découpés du sac. Pour le garnir convenablement, elle avait par degrés rongé les plumes de la queue ; les bouts qui restaient portaient les marques évidentes des dents.»

Une autre fois on trouva dans une bouteille vide couchée avec d'autres sur une planche, un nid occupé par de jeunes souris. L'emplacement lui paraissant favorable, la mère y avait amasséles matériaux nécessaires pour faire une couche moëlleuse, ayant soin de tenir le goulot libre.

Nid de souris dans une bouteille.

Un nid de souris se construit souvent dans un laps de temps très-court. Un journal a raconté, il y a quelques années, qu'un pain sortant du four, ayant été mis sur une planche, dans la maison d'un fermier, on y remarqua un trou le lendemain. Quand on le coupa, on y trouva un nid de souris fait des feuilles découpées d'un cahier de papier : ainsi dans l'espace de trente-six heures au plus, le pain avait dû se refroidir, il avait fallu le creuser, trouver le cahier, en déchirer les feuilles et mettre au monde les petits. Ceux-ci s'y trouvaient au nombre de neuf.

La gravure suivante représente la singulière demeure temporaire qu'on appelle une cour d'élans.

L'élan, habitant les régions septentrionales de l'Amérique et de l'Europe, supporte par conséquent de très-grands froids. Il a de nombreux ennemis malgré sa taille, car il mesure souvent deux mètres trente centimètres à l'épaule, pas beaucoup moins qu'un éléphant de grandeur moyenne. Ces dangers le menacent principalement en hiver. Dans cette saison la neige tombe avec une abondance dont les habitants des zones tempérées ne peuvent se faire l'idée. L'aspect du pays change complétement ; les dépressions du terrain disparaissent, dans les plaines naguère unies surgissent de blanches collines, ailleurs la neige s'amoncèle en masses fantastiques variant incessamment de forme sous le souffle de la bise.

Durant les fortes gelées, l'élan ne court pas de risques, car il parcourt la surface durcie de la neige avec une grande rapidité. Son allure habituelle est un trot allongé, et sa légèreté jointe à des jambes très-longues, lui permet de franchir au trot des obstacles par dessus lesquels un cheval passerait difficilement au galop. On a vu un de ces animaux franchir d'un trot non interrompu des arbres tombés en grand nombre et dont plusieurs mesuraient près de un mètre soixante centimètres de diamètre.

Les pieds fourchues de l'élan s'écartent largement

lorsque l'animal les pose à terre et font entendre, en se relevant un craquement très-fort. L'hiver, l'élan court quelquefois le risque de mourir faute de nourriture, mais l'instinct lui enseigne à chercher sous la neige les lichens dont il se nourrit principalement. A cette époque de l'année les animaux carnivores souffrent beaucoup de la faim, ce qui leur donne un courage qu'ils n'ont pas dans d'autres saisons. Tant que dure la gelée, l'élan ne craint pas de pareils ennemis, car il peut s'éloigner d'eux par une course rapide ou même attendre leur attaque s'il se trouve acculé. De ses pieds de devant, il porte de terribles coups aux assaillants, les renverse et piétine sur eux jusqu'à ce qu'il les ait tués.

Mais quand la température s'adoucit, le danger augmente. La chaleur du soleil produit alors un singulier effet: la surface gelée ne fond qu'en partie ; l'eau qui en résulte se mêlant à la neige qui reste en dessous, celle-ci fond à son tour et laisse entre elle et cette surface un espace vide. La *croûte*, comme on l'appelle, peut supporter le poids des animaux — des petits du moins, — tels que les loups, surtout quand ils courent rapidement ; mais elle rompt sous le poids énorme de l'élan, et l'animal enfonce à chaque pas jusqu'au ventre.

Les loups profitent de cette circonstance ; sans craindre sa ramure palmée, ils sautent à la gorge de l'élan, qui ne peut pas faire usage des pieds de devant, et bientôt l'accablent sous leur nombre. L'homme aussi tire parti du changement de température ; il se chausse de patins à neige et glisse sans danger sur la croûte fragile. L'élan, pour se mettre à l'abri de ses ennemis, se bâtit la singulière habitation qu'on appelle une cour d'élans.

Cette demeure d'hiver est d'une construction très-simple ; elle consiste en un grand espace de terrain dont la neige a été piétinée au point de former une surface assez solide pour porter l'animal et lui fournir en même temps une retraite sûre. Tout l'espace n'a pas été réduit à un niveau uniforme ; l'élan a seulement piétiné la neige en dessinant un réseau de sentiers qu'il parcourt à son aise. Il s'y trouve tellement en sûreté qu'on ne réussit que rarement à le faire sortir de sa forteresse de neige. Les loups rôdent autour de la *cour* sans oser y entrer ; mais ce qui d'un côté fait la sûreté de l'élan, d'un autre l'expose à de grands dangers. Le chasseur qui trouve une cour ne manque pas sa proie, et comme l'élan ne veut pas quitter sa retraite, il l'atteint aisément d'un coup de carabine.

L'élan n'est pas le seul animal qui construit ces singulières fortifications ; une horde de cerfs wapiti se réunit souvent pour bâtir une demeure en commun. On a vu une de ces cours d'un diamètre de quatre à cinq milles, et présentant un véritable réseau de chemins. La neige non piétinée est tellement épaisse que quand les élans parcourent les sentiers, on n'aperçoit pas leur dos au dessus du niveau de la surface. Des *cours* aussi développées ne sont cependant pas très-apparentes. Une personne inexpérimentée peut, à la distance d'un quart

Cour d'élans.

de mille, tourner ses regards vers l'endroit où elle se
trouve sans voir ses nombreux sentiers. Ce fait sera
compris de ceux de mes lecteurs qui ont visité une
forteresse moderne, dont les pentes gazonnées ne
présentent pas de lacunes quoiqu'elles soient coupées de fossés profonds.

Bien d'autres animaux se font des demeures tem-
poraires où ils restent cachés, parce que l'instinct
leur apprend à les mettre en harmonie avec les objets
environnants. Tel est, par exemple, le lièvre dont le
gîte, assez grand pour l'abriter, est si peu en vue,
que l'homme passe souvent à deux pas sans le
découvrir. L'animal se cache parfois sous une
touffe d'herbe qu'on croirait à peine suffisante
pour y loger un rat ; mais il ne dédaigne pas de se
mettre à couvert sous un épais bouquet de genêts.
A un ou deux kilomètres de chez moi se trouve une
lande dont les genêts semblent pour beaucoup
d'animaux un vrai paradis. Les souris des champs
y ont tracé leur chemin presque à la surface du
sol ; à chaque pas on rencontre un gîte de lièvre,
et il n'y a aucun buisson isolé sous lequel cet animal n'ait établi sa demeure.

Le tigre a les mêmes habitudes et recherche le
korinda, arbrisseau dont les branches pendantes
l'abritent du soleil et le cachent à ses ennemis.

Passons aux oiseaux, parmi lesquels nous citerons d'abord la salangane ou hirondelle comes-
tible. C'est à tort qu'on l'a ainsi nommée, car
c'est le nid que l'on mange en certains pays et
non pas l'oiseau. Les nids dont on fait un potage,

se composent d'une manière gélatineuse, sans que
l'on sache si celle-ci est d'origine animale ou végé
tale. Quelques personnes le prennent pour des œufs
de poisson que l'oiseau prend à la mer, d'autres y
voient une herbe marine que l'hirondelle dégorge
après lui avoir fait subir une préparation dans son
gésier ; d'autres encore prétendent que cette sub-

Nids de la salangane.

stance est sécrétée par les glandes du cou et procède
tout entière du corps de l'oiseau.

Quand ils viennent d'être construits, ces nids
sont d'une blancheur extrême ; dans cet état ils
atteignent sur les marchés chinois des prix extra-
vagants. Ils prennent une teinte sombre et se sa-
lissent au contact de l'air ; il faut alors les nettoyer

et les blanchir avant de s'en servir pour la table.

On les trouve à Bornéo, à Java, etc. et seulement dans certaines localités. L'oiseau choisissant toujours les parois perpendiculaires de profondes cavernes, l'enlèvement des nids présente de grands dangers. Un nid, que je possède dans ma collection, ressemble par la forme à une moitié de coquillage bivalve; il est très-épais à la base par laquelle il tenait au rocher et diminue graduellement vers l'extrémité. La matière dont il est fait est assez transparente, pour qu'on puisse voir à travers les lettres majuscules d'une page d'impression. Un coup d'œil jeté à l'intérieur en explique la construction ; d'innombrables fils de nature visqueuse s'y croisent sans ordre apparent et se sont transformés au contact de l'air, en une substance semblable à de la colle de poisson. Selon les indigènes, la construction d'un seul nid occupe un couple d'oiseaux pendant deux mois ; il se pourrait, dans ce cas, que la matière fut sécrétée par les oiseaux mêmes.

Les nids ne servent qu'à un seul usage. Après avoir été durant assez longtemps trempés dans de l'eau chaude, ils se transforment en une masse gélatineuse qui devient l'ingrédient principal du fameux potage que les Chinois tiennent en si haute estime et auquel ils attribuent une puissante vertu pour réparer les forces. Toutefois les gens riches peuvent seuls s'en régaler, car une livre de nids de première qualité se vend plus de soixante-quinze francs.

Les vrais oiseaux de proie ne se montrent guère architectes de talent dans la construction de leurs nids et l'aigle ne fait point exception à la règle. Le nid de ce magnifique oiseau n'est qu'une énorme masse de bâtons jetés au hasard sur une saillie de rocher et ayant au milieu une dépression pour recevoir les petits. Il ressemble à celui de l'orfraie que nous avons décrit ; les petits n'en occupent qu'une faible partie ; le reste de la surface supérieure sert de garde-manger pour tous les animaux, tels que lièvres, agneaux, oiseaux, etc., que les parents rapportent de leurs chasses. Les aigles sont très-voraces, et quand il ne se rencontre pas de troupeaux de moutons dans le voisinage, la tâche de nourrir leurs petits devient très-difficile à remplir.

L'aigle place ordinairement son nid dans un lieu inaccessible et choisit de préférence une saillie de rocher située à mi-chemin du fond d'un précipice et qu'un rocher surplombant empêche d'apercevoir d'en haut. L'enlèvement d'une aire présente toujours de grandes difficultés et exige autant de sang-froid que de courage, car si les parents découvrent l'assaillant, ils ne manquent pas de l'attaquer et sont de force à le précipiter dans l'abîme. Si le hardi dénicheur parvient jusqu'au nid, il court risque d'être suffoqué par l'horrible odeur qui s'en échappe et qui est due à des débris de chair en pleine putréfaction.

Beaucoup d'oiseaux de mer font leur nid au bord d'un précipice, entre autres le fou, dont le

nid se compose d'un amas d'algues légèrement
creusé au centre ; retournant tous les ans à la même place, il se contente d'ajouter de nouvelles algues, de façon que le nid acquiert souvent plus de
deux pieds d'épaisseur. Les fous nichent en société et remplissent les crêtes des rochers de leurs
nids grossiers. Il en sort une odeur impossible à
supporter.

Nid du fou.

Les œufs sont assez jolis, de couleur orangée et
couverts de taches rouges et pourpres de différentes
nuances.

Le nid du rossignol ne pouvait trouver place
parmi les groupes précédents. Il n'est bâti ni sur
des branches ni dans un trou ; il n'est ni suspendu
ni absolument posé à terre, mais il ne se trouve
ordinairement qu'à quelques pouces du sol. Sa
construction grossière a probablement pour but de
le dissimuler, et pour le trouver il faut se guider

sur les mouvements de l'oiseau. Les matériaux, tels que de la paille, de l'herbe, des buchettes et des feuilles sèches, y sont entremêlés avec tant de négligence que le nid placé sous le feuillage ressemble à des débris accumulés par le vent et échappe ainsi au regard.

L'albatros, le géant de la famille des pétrels, construit son nid d'une façon particulière. Il choisit le sommet de quelque précipice près de la mer et surtout dans les îles Marion et Tristan d'Acunha. Il est le seigneur de ces lieux, et nulle autre créature vivante ne semble avoir le courage de s'y établir. Il se sent tellement le maître que lorsqu'un homme pénètre dans son domaine, il ne fait pas la moindre attention à lui. Le froid est naturellement intense, mais l'albatros s'y montre insensible et élève sa progéniture à duvet blanc dans une température à laquelle aucun être humain ne s'expose volontiers pendant quelque temps.

L'œuf ne paraît pas avoir une couche particulière; la mère le pond sur le sol nu et l'entoure d'une petite élévation de terre de forme circulaire. Si l'on approche tout près du nid, les parents font claquer le bec comme des hibous en colère et rejettent une quantité d'huile. L'albatros ne pond qu'un seul œuf.

Notre dernier exemple d'architecture animale nous est fourni par la foulque, oiseau tout noir dont le front est garni d'une plaque cornée qui, de blanche qu'elle est ordinairement, devient rose pendant la période d'incubation. Elle aime

Nid de l'albatros.

surtout les îlots où les herbes croissent en abondance.

A défaut d'une localité de ce genre, elle fait son nid parmi les joncs et les roseaux qu'elle entrelace et relie de manière à pouvoir supporter le poids du

Nid de la foulque.

nid et des nombreux œufs. Quelquefois elle bâtit sur le bord même de l'eau, en ayant soin de placer le nid de façon à ce qu'on ne puisse l'approcher de terre. Il se compose d'une quantité énorme de matériaux ; cependant malgré ses dimensions, il n'est pas très-apparent. La foulque ne pond jamais moins de sept œufs et quelquefois de douze à quatorze. Ils sont blanchâtres et portent beaucoup de taches brunes irrégulières.

Telles sont des animaux les plus connus les constructions les plus remarquables. Si j'avais voulu décrire les travaux de tous ces ingénieux architectes, mes deux petits volumes n'auraient pu suffire à une telle entreprise. Et si, quelquefois, le lecteur m'a trouvé un peu sec et sobre de détails, qu'il veuille bien croire que la crainte de prolonger outre mesure cette étude sommaire m'a seule empêché de m'étendre plus longuement sur un sujet aussi plein d'attraits.

FIN

TABLE DES MATIÈRES

I

LES MAMMIFÈRES ET LEURS TERRIERS

II

LES OISEAUX TERRIERS

III

REPTILES TERRIERS

IV

CRUSTACÉS

V

MOLLUSQUES

VI

ARAIGNÉES

VII

LES HYMÉNOPTÈRES

VIII

COLÉOPTÈRES

IX

INSECTES PERCEURS DE BOIS

XIII

OISEAUX CONSTRUCTEURS DE NIDS SUSPENDUS

(SUITE ET FIN)

XIV

INSECTES A HABITATIONS SUSPENDUES

XV

LES CONSTRUCTEURS

XVI

LES OISEAUX CONSTRUCTEURS

XVII

LES OISEAUX CONSTRUCTEURS (SUITE)

XVIII

LES INSECTES CONSTRUCTEURS

XIX

LES NIDS SOUS L'EAU. — LES VERTÉBRÉS

XX

LES NIDS SOUS L'EAU. — LES INVERTÉBRÉS

XXI

HABITATIONS EN COMMUN. — MAMMIFÈRES SOCIABLES

XXII

LES OISEAUX SOCIABLES

XXIII

INSECTES SOCIABLES

XXIV

INSECTES SOCIABLES
(SUITE)

XXV

NIDS PARASITES

XXIX

OISEAU CONSTRUISANT LES HABITATIONS DANS LES BRANCHES (SUITE)

XXX

ARAIGNÉES ET INSECTES

XXXI

HABITATIONS ANIMALES NON CLASSÉES

FIN DE LA TABLE.

58 — Abbeville, imp, Briez, C. Paillart et Retaux.

9 782329 300320